知れば知るほど面白い
物理の話

監修 小谷太郎

宝島社

はじめに
物理学はヤバいほど面白い

なぜ自分が疑問を抱いているかを考えるために、
立ち止まってはいけない。
大事なことは疑問を持つことを止めないことだ。
アルベルト・アインシュタイン（理論物理学者）

私たちは日常生活の息抜きに、役にも立たない空想やありえないような夢想にふけります。**本書は、そういう空想・夢想が実現する可能性を、物理学にもとづいて真剣に追求します。**例えば……

「風船で家を飛ばせるのか？」……1760万個の風船があれば質量100トンの家を持ち上げられます。

「地球の自転を止めるとどうなる？」……その瞬間、時速1700㎞の暴風と津波が地表を破壊します。

「となり町まで届くリモコンはつくれる？」……ニュートリノを使えば遠く離れた家電を操作できるかもしれません。

物理学とは、こんな子供じみた問いや、一見くだらない疑問に解答を示し、思考をさらに一歩先へ進めてくれる学問です。

「考える意味もない」ようなことを真剣に考えることで、退屈な日常を吹き飛ばすような〝ヤバいほどの面白さ〟は生まれるのです。その面白さを本書で堪能していただきたいと思います。

小谷太郎

Chapter 01

Chapter 02

技術の話

Chapter 03 スポーツの話

Chapter 04

宇宙の話

Chapter 05

SFの話

大切なのは、
疑問を持ち続けることだ。
神聖な好奇心を失ってはならない。

――アインシュタイン

Chapter
01

家電の話

リモコンや電子レンジ、圧力鍋といった身近な家電も物理法則の応用。法則を知れば、「スーパー家電」がつくれるかも？

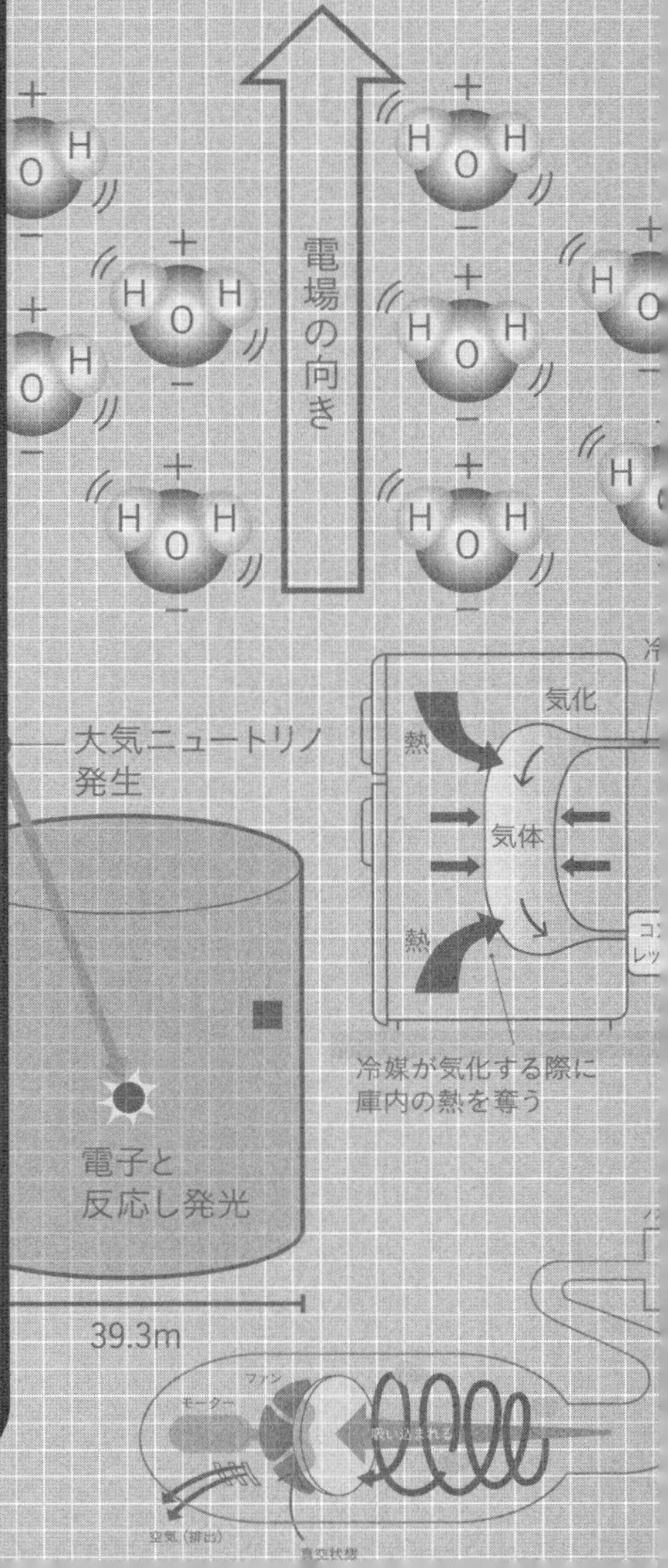

第1話 データを無限に記憶できるフラッシュメモリはつくれる？

メモリ容量の限界を探る

私たちの身の回りには、さまざまな形の記憶媒体が存在しています。なかでも最も身近なのがUSBメモリや**SDメモリーカード**（①）に代表されるフラッシュメモリでしょう。ちなみに、スマートフォン内蔵の記憶媒体もほぼすべてがフラッシュメモリです。

このフラッシュメモリですが、ここ10年ほどで容量は飛躍的に増加しました。例えばSDメモリーカードであれば、15年ほど前には数十～数百**メガバイト**（②）が主流であったものが、瞬く間に数ギガバイト、数十ギガバイトと増え、現在では最大1テラバイトの製品も販売されています。さらに、SDメモリーカードより大型のフラッシュメモリであれば、2テラバイトの製品もあります。

では、このまま技術が進歩していけば、フラッシュメモリの記憶容量は際限なく増加するのでしょうか？　この問題を考える前に、まずは、データがどのように記録されているかを見ていきましょう。

コンピュータのデータは基本的に、0と1の羅列で記録されています。最も小さなデータは、0か1かの2通りの値を持つ1個の数値。この最小データを1ビットと呼びます。現在のフラッシュメモリは、この0と1を**セル**（③）と呼ばれるごく小さい部屋のなかで区別しています。区別の基準は、電子がある（1）かない（0）かの状態で、1ビットのデータとして記録しています。つまり記憶容量とは、このセルの数がいくつあるかということでもあります。

セル自体はごく小さいものですが、1ギガバイトだと80億個もの0もしくは1を記憶しなければならないため、結果として物理的な大きさに左右されることになります。そのため同じ大きさでより多くのデータを記憶するためには、より小さい範囲にセルを詰め込む（集積する）技術が必要なのです。

1ビットはどこまで小さくなる？

フラッシュメモリに限らず、記憶セルの技術はどんどん向上しています。サイズはますます小さくなっているうえに、現在の1セルに2値しか記録できない2進法よりも効率の良い記録方法が研究されています。例えば、10進法（1セルに10値）や100進法（1セルに100値）といった記憶セルの研究です。

どこまで小さくなるか予想は難しいですが、周期表に載っている通常の物質を使う限り、記憶セルを1個の原子よりも小さくすることは不可能です。

ですが、例えば1個の陽子と1個の電子からなる水素原子の電子のスピン状態（右回り回転か左回り回転か、と考えてよい）を1ビットの記憶セルとすることに成功したら、原理的にはこれが最小の記憶セルとなるでしょう。仮に1gの質量の記憶装置を考えると、1gのなかには水素原子6×10^{23}個が詰め込めます。その時の記憶容量は、6×10^{23}ビットつまり、750億テラバイトということです。

これが技術の理論的限界ですが、これはデータ容量としては相当な大きさになります。もしこれに匹敵する記憶装置ができたなら、2023年の世界に存在するデジタルデータすべてがたった1gの装置に収まることになります。

キーワード① SDメモリーカード

切手サイズの記憶媒体で、デジタルカメラや携帯電話のデータ保存など幅広く用いられる。規格上では最大128テラバイトまで記録可能となっている。よりサイズの小さいminiSDやmicroSDカードも存在している。

キーワード② メガバイト(MByte)

情報の単位。情報の最小単位は1bit（ビット）。1Byte（バイト）＝8bit（MByte［メガバイト］以降は98ページの単位接頭語表を参照）。

キーワード③ セル

近年では1セルにつき電子1つのシングルレベルセル（SLC）のほかに、1セルに複数の電子を入れて記録できるマルチレベルセル（MLC）という技術も開発されている。

結論

無限に記憶するのは不可能。容量も物理的な限界はある

第2話 一瞬でごはんを炊き上げる炊飯器はできる？

衝撃波で高速炊飯!?

時間がない時に役に立つのが、炊飯器の早炊き機能。ボタンを押して20分ほどで、美味しいごはんが炊き上がります。しかし、忙しい時は20分でも惜しいもの。一瞬でごはんを炊き上げる超高速炊飯器ができれば、朝ごはんの準備がだいぶ楽になるはずです。では、そんな夢のような炊飯器は、どんな物理法則を用いればつくれるでしょうか？

ごはんを一瞬で炊き上げるには、米が入った釜を一瞬で高温まで加熱しないといけません。一般的な炊飯器は、導線に電流を流して**ジュール熱（①）**を利用して加熱するか、あるいはＩＨ（誘導電流）で加熱します。調理時間を短くするには電力を大きくして、発生させる熱量を大きくするという手もありますが、**ここでは熱が**

伝わる速さがものすごく速い、衝撃波（②）を利用した加熱方法を考えてみましょう。

音は空気や水などの**流体（③）**や固体を伝わります。音の伝わる速さを音速といい、気温が20℃の時には時速１２００㎞ほどにもなります。大変な速度ですが、もしこれ以上の速度で動く物体があると、どんなことが起こるでしょうか？　物体が流体中を音速を超える速度で動くと、流体は超音速で強制的に押しのけられます。この時、衝撃波と呼ばれる波が生じるのです。**衝撃波が通り過ぎると、温度が急激に上昇します。**そして、衝撃波が通過したあとに上昇する温度は、衝撃波の速度が大きくなればなるほど高くなるのです。

宇宙最強の衝撃波！

宇宙最大級の爆発現象である超新星爆発（１６６ページ参照）では、宇宙最強の衝撃波が生じます。宇宙空間はほぼ空っぽの真空ですが、ごくわずかに原子や分子が漂っていて、これに衝撃波が伝わるのです。核爆発や超新星爆発といった極端に大規模な爆発で生まれる衝撃波が通過したあとの温度は、衝撃波の速度から見積もることができます。

例えば、超新星爆発で発生する衝撃波は、秒速1000㎞（空気中の音速の約3000倍）以上で伝わっていきます。宇宙空間のような希薄な流体を伝わる衝撃波をそのまま炊飯器の中身に当てても、すぐ加熱できないのですが、もっと濃い流体（例えば水）の中に入れて、そこに強い衝撃波を浴びせたとします。すると、**炊飯器のサイズが20㎝だとして、1／500万秒ほどで加熱が完了します。この時、炊飯器の温度は6000万℃程度にまで加熱されます。**さすがにこの温度だと、どんな元素の融点も沸点も超えて、衝撃波の通過と共に米も水も蒸発します。そのうえ、米や水を構成していた元素が陽イオンと電子に分かれたプラズマ状態になるという問題点はあります。

しかし、もっと弱い衝撃波を使えば、釜を短時間で高温にしてごはんを炊き上げることができるでしょう。

ただし、ごはんはじっくり炊くからこそ美味しいもの。これで「炊けた」ごはんの味は保証できません。

キーワード① ジュール熱

導体のなかを電流が流れることによって生まれる熱。熱量は電流の2乗と抵抗、電流の流れる時間に比例する。

キーワード②　衝撃波

流体（気体や液体）のなかを、物体が音速（流体や固体に音が伝わる速さ）を超えた速さで動くことによって生じる波。

キーワード③　流体

気体や液体のように、少しの力を加えると簡単に変形する物質を流体という。流体の密度と圧力の変化が伝わっていく現象を音という。

結論

衝撃波によって一瞬で炊飯できる。ただし、味の保証はなし

第3話 卵を爆発させない電子レンジはつくれる？

電子レンジがものを温める原理

料理を簡単に素早く温めることができる電子レンジ。利用の際に「爆発するから卵を電子レンジで温めてはいけない」という話は、今では常識となっています。まさかうっかり卵をチンしてしまって、レンジを卵まみれにしたことがある人はいないですよね？

どうして卵は電子レンジで温めると爆発するのでしょうか。その理由は電子レンジがものを温める仕組みにあります。

電子レンジは、オーブントースターなどのニクロム線に電気を流し熱源とする調理器とは異なり、**マイクロ波（①）を利用してものを温めています。**マイクロ波は電磁波の一種。マグネトロンという発振用真空管によってつくられ、電子レンジの内部に照射されます。

食品中に存在する水分子は、酸素原子側にマイナスの電荷が、水素側にプラスの電荷が偏っています。そのため、料理にマイクロ波が照射されると、マイクロ波のつくる電場（荷電粒子に影響を与える空間）が水分子に力を及ぼし、水分子は向きを変えます。マイクロ波の**周波数**（②）に合わせて電場の向きは入れ替わるので、水分子もそれに合わせて振動します。電子レンジで用いられるマイクロ波の周波数は**2.45GHz**（ギガヘルツ）なので、**水分子は1秒間に24億5000万回も強制的に振動させられることになるのです**。

その結果何が起こるのかというと、水分子の振動は周りの分子に乱雑な運動をもたらし、その分子の運動が熱となるのです。この熱で、電子レンジは食品を温めています。

つまり、電子レンジは食品中の水分をおもに加熱し、温めているといえます。ラップをかけずに加熱すると食品から水分が抜けてしまうのは、マイクロ波によって水分だけが温められて蒸発してしまうからなのです。そして卵の爆発は、このマイクロ波によって温められた水分が原因なのです。

爆発の原因は高温にあり

電子レンジによって、卵は水分を多く含む内部から加熱されていきます。この時、殻が熱で膨張した中身を押さえつけるため、内部の圧力はどんどん上昇していきます。

通常、卵のなかの水分の沸点は１００℃ですが、**高圧力下では沸点が上昇し、１００℃を超えます**。つまり、電子レンジに入れた卵の内部では、１００℃以上になっているにもかかわらず、液体のままの水分が詰まっているのです。

このまま高圧力の状態をキープできれば良いのですが、圧力に負けて殻や膜が破れてしまうと、卵の内部の圧力が低くなってしまいます。すると沸点がもとの１００℃に戻り、**１００℃以上の水分は急激に水蒸気に変わって水蒸気爆発（③）を起こすのです**。つまり、卵を爆発させないためには、中身の圧力を空気中と同じ1気圧より高くしないことが重要なのです。しかし、電子レンジはそのような想定ではつくられていないので実現は難しいでしょう。

将来、卵が電子レンジ内に置かれたらそれを検知して一部に穴を開けるような機能が備われば、卵の爆発を避けられるようになるかもしれませんね。

キーワード①　マイクロ波

電磁波の一種で、波長が１ｍから０・１㎜、周波数３００ＭＨｚから３ＴＨｚの範囲にあるもの。電子レンジのマイクロ波は、国際規格で２・45ＧＨｚに統一されている。

キーワード②　周波数

電磁波などの一定周期で振動する現象の、時間あたりの振動数。単位は１秒あたりの振動数を表すヘルツ（$\mathrm{Hz} = \mathrm{s}^{-1}$）。

キーワード③　水蒸気爆発

液体や固体の水が急激に水蒸気に変化することで体積が増加し、爆発を起こす現象。本文で説明したような気圧の変化で起こる場合や、高温の物体に水が触れることで発生する場合がある。

結論

現在の電子レンジの機能では無理。将来、卵の穴開け機能がつけば可能かも

第4話 超高速で煮物ができる圧力鍋はつくれる？

100℃より高温で調理できるのが圧力鍋

通常の鍋よりも素早い調理ができる圧力鍋。実際にキッチンで活用しているという方も多いでしょう。

圧力鍋がなぜ通常よりも早く調理できるかといえば、普通の鍋ではできない高温で調理できるから。そのためより早く熱が通るのです。水が沸騰する温度は、**1気圧（①）**では100℃。普通の鍋でそれをはるかに超えた温度で煮ることはできません。ですが、液体の沸点は、液体にかかる圧力によって変わります。気圧が低ければ沸点は100℃より下がり、気圧が高ければ100℃より上がるのです。

気圧が低い高地でお湯を沸かして料理をしようとしてもうまくいかないのは、水が100℃に達する前に沸騰してしまい、食材に必要な温度を与えられないことが原因なのです。

一方、一般的な圧力鍋は、発生する水蒸気を逃がさないようにすることで鍋の中の気圧を2・4気圧ぐらいまで上げています。**この気圧では沸点が125℃になるので、通常の沸点以上の高温で調理ができ、調理時間を短縮できるのです。**

人類が生み出せる最高気圧はどのくらい？

では、家庭用圧力鍋の限界を超えて圧力をかけてしまえば、もっと早く調理することができるのでしょうか？

例えば、「ダイヤモンドアンビルセル」という小さな装置では、数百万気圧の圧力をつくることができます。これは地球の内部の圧力環境を再現できる実験装置です。たしかに超高圧力なので超高温で調理できる、といいたいところですが、**これほどの高圧と高温の下では、炭素でできた食材はダイヤモンドになってしまうので、煮物どころではないでしょう。**また、この装置はダイヤモンドを使っているためサイズが小さく、腹を満たすような量の料理ができる鍋にするには向きません。

また、圧力鍋は水に圧力をかけて沸点を上げますが、あまりに高い圧力と温度にすると、水自体の性質が変わり調理に向かなくなってしまいます。水は373・95

になってしまうのです。

℃、約220気圧を超えると**超臨界水**（②）という、液体と気体の間のような状態

になってしまうのです。

こうなると、強力な酸化力を持つようになり、貴金属までをも腐食させてしまいます。**もはや通常の水ではなく、料理どころではありません**。ですが、それよりも少し温度と圧力の低い**亜臨界水**（②）と呼ばれる状態の水や高温の水蒸気なら、瞬時に加熱調理をするのに使えるかもしれません。実際に食品の加熱殺菌処理は**亜臨界水**が使われています。

ただし、その圧力を家庭のキッチンで実現するのは、爆発や熱の問題で非常に危険です。また、その高圧が可能になる実験室で使われる**オートクレーブ**（③）という装置は冷蔵庫ほどの大きさになります。そんな大きな装置を鍋代わりに家庭に置くのは現実的には難しいでしょう。

キーワード①　気圧

圧力を測る（非国際）単位の1つ。1気圧は海面＝海抜0m地点での気圧のことで、標準大気圧ともいう。圧力の国際単位パスカル（Pa）を用いて表すと、1気圧＝101325Pa＝1013.25hPa。

キーワード②　超臨界水／亜臨界水

水は臨界点（373・95℃、22・064MPa）を超える圧力と温度の下では、超臨界水と呼ばれる、液体と気体の中間の性質を帯びる。

キーワード③　オートクレーブ

内部を高圧にすることができる耐圧製の容器や実験装置のこと。高圧下での特殊な化学反応を利用したり、滅菌、素材の成形など、さまざまな分野で利用される。

結論

超高圧の〝鍋〟はつくれても……料理にはまったく向かない！

第5話 マイナス300℃の冷凍庫はできる？

冷やすとはエネルギーを外に放出すること

ひんやりと冷たい冷凍庫ですが、冷凍庫はどれくらいまで温度を下げることができるのでしょうか？　業務用冷凍庫だとマイナス60～80℃といわれていますが、一瞬で物を凍りつかせそうなほどの低温、例えばマイナス３００℃の冷凍庫などはつくれるのでしょうか。

まずは「冷える」という仕組みですが、これは高温の物体が持つ高い熱エネルギーを放出することを指します。**これは物体が持っていた熱エネルギーが周囲の物体（空気など）に移り、結果として物体が冷えるということです。**エネルギーは移動するだけで全体としては増えも減りもしません。このようにエネルギーの総量が変わらないことを**エネルギー保存の法則（①）**と呼びます。冷蔵庫は、この法則を利用して庫内を冷やしているのです。

具体的には、冷媒という物質が液体から気体に変化する、いわゆる気化する時に熱を奪う性質を利用しています。揮発性の高いアルコールが皮膚につくと皮膚の熱を奪い、ひんやりと感じることでよく知られていますよね。

気化して冷たくなった冷媒は、庫内に張り巡らされた管のなかに放出され、冷蔵庫のなかの熱を奪いながら外へと流れていきます。そして外まで出ると、コンプレッサーにより圧力をかけられて再び液体に戻され、また気化しながら冷蔵庫のなかに戻っていきます。

冷蔵庫の側面などが熱くなるのは、気化した時とは逆に冷媒が液体に戻る時に熱を放出するためです。つまり、**冷蔵庫の冷媒は庫内の熱エネルギーを外に排出する役割を持っているのです。**

熱エネルギーの放出には限界がある

熱エネルギーは「常に高温の物体から低温の物体へと流れる」という法則があり、これを熱力学第二法則と呼びます。また、物体が外に熱を与える能力は、その物体の**熱力学温度（②）**で表されます。**熱力学温度がゼロの物体は熱エネルギーを発せ**

ず、それ以上冷えることもありません。

では、熱力学温度ゼロとは、どんな状態なのでしょうか。

すべての物質は原子からなることはよく知られていますが、その原子は常に振動したり、飛び回ったり、乱雑に運動しています。この運動のエネルギーが熱エネルギーとして観測されるのです。

例えば、気体の温度が上がると膨張する現象は、原子の乱雑な運動速度が高くなるために体積が増えるというものです。逆に、温度が下がると原子の熱運動は小さくなっていきます。**この熱運動が理論上ゼロになり、原子が静止してしまう温度が、熱力学温度ゼロ。つまり物質における低温の限界になり、この温度を「絶対零度」と呼んでいます。**

では、絶対零度とはどれくらいの温度なのでしょうか?　答えは**マイナス273・15℃**。つまり、マイナス300℃に到達する前に限界に達するのです。これはつまり、絶対零度を超える温度まで物体を冷やすことはできないため、マイナス300℃の冷凍庫の実現は不可能ということなのです。

キーワード①　エネルギー保存の法則

物体が持つエネルギーは、エネルギーの形を変えながら保存される。熱もエネルギーの一種であるため、例えば熱かったお茶が冷めたとしても、その分周囲の机や空気の温度が上がっているように、場所や形を変えてエネルギーは保存されている。

キーワード②　熱力学温度

一般的に使われる摂氏は、氷が溶ける温度を０℃、水が沸騰する温度を１００℃と定め、その間を１００等分したものである。一方、熱力学温度は原子の乱雑な運動が止まり、気体の体積が０になる温度を０Ｋ（ケルビン）としている。

結論

マイナス３００℃の冷凍庫はつくれない。実現できてもマイナス２７３・15℃が限界

第6話 となり町まで届くリモコンはつくれる？

赤外線リモコンはどこまで届く？

テレビやエアコンなど、私たちの身の回りの家電はリモコンで遠隔操作できます。しかし、一般的なテレビのリモコンが操作できる距離は数mから十数m程度で、壁越しなどで操作することはできません。それでも困るようなことはありませんが、いざという時にもっと遠くから、例えばとなり町からエアコンをオン／オフできるようなリモコンはつくれるでしょうか？

私たちが使っているリモコンの多くは、目には見えない光である**赤外線**（①）を利用した無線通信です。リモコンと受信部の間に障害物があると通過することはできません。また、それほど強い赤外線を発信しているわけではないので、ある程度の距離が離れると届かなくなります。

そこで、**より強力な赤外線が発信できるリモコンをつくれば、到達距離を伸ばすことが可能になり、屋外にテレビを置いても障害物さえなければかなり遠くから操作することができます**。ただし、あまり離れてしまうと、今度は地球そのものが障害物となります。つまり地平線ですね。地上1・5mの高さに受信部があるなら、そこから見える地平線までの距離は4・4kmです。リモコンの高さも1・5mとするなら、9km も離れれば地平線の下に隠れるため、どんなに強力なリモコンでも操作ができなくなってしまいます。

では、地面を突き抜けて届くもので通信すればどうなのでしょうか？　例えば**ニュートリノ**（②）という素粒子です。**ニュートリノは周囲の素粒子と反応しにくく、ほとんどの物質を突き抜けます。つまり、地平線を突き抜けて到達できるのです**。ニュートリノで通信するリモコンであれば、となり町どころか地球上のどこからでも、テレビやエアコンを操作することが可能です。

問題としては、ニュートリノは観測さえ非常に難しい物質なので、受信部が大掛かりになってしまうこと。厚み1光年の鉛の壁でも半分ほどしか止められないのですが、最低でもその規模が必要となります。

電波式リモコンもあるけれど……

さて、実際には家電メーカーがニュートリノなど使わなくても大丈夫な技術を生み出しています。まず挙げられるのがWi-FiやBluetoothなどの通信を利用したＲＦ（電波）方式のリモコンです。

電波は赤外線よりも透過しやすいので、電波の強さが十分であれば、屋外から室内の家電を操作することも可能でしょう。

電波は障害物を回り込むので地平線も問題ありませんが、電波の強さには電波法の制限があることや、赤外線で十分なため、この方法はあまり普及していません。また、透過力の弱い赤外線が使われるもう1つの理由は、リモコンで操作できる範囲を家庭内に留めるため。数㎞も届くリモコンが使用されると、町中で大混乱をきたします。

さて、色々考えてきましたが、インターネット技術の発展は、このような考察をすべて無駄にしてしまいました。現在ではスマートフォンを用いて、外出先から自宅のエアコンなどを操作することができるのです。この場合、スマートフォンが広義のリモコンといえるかもしれませんね。

キーワード①　赤外線

光線のうち、人の目では視認できない長い波長のもの。人体程度の温度を持つ物体からの放射はおもに（遠）赤外線なので、温度の測定にも用いられる。赤外線より波長が長い電磁波を電波と呼ぶ。

キーワード②　ニュートリノ

素粒子の一種で、他の素粒子とほとんど相互作用しないので、多くの物質を透過する性質を持つ。素粒子観測施設のスーパーカミオカンデでは、大量の純水を用いてニュートリノが衝突する様子を観測している。

結論

つくれなくはないが技術的限界がある。スマホがリモコン代わりの時代に

第7話 どこまで掃除機の吸引力を上げられる？

掃除機は真空状態にすることでゴミを吸う

床に散らばった小さなゴミやほこりなどを集めるのに欠かせない掃除機。でも、掃除機がものを吸い込む理由はあまり知られていません。その理由がわかれば、「何でも吸い込める」夢の掃除機がつくれるのではないでしょうか。

まずは、掃除機の仕組みについて考えていきましょう。

掃除機のなかには、モーターとファンが入っています。モーターでファンを回して、まるで換気扇のように掃除機のなかの空気を外に送り出します。すると、**掃除機のなかは真空といえる状態になり、吸い込み口の近くにあるゴミやほこりが大気圧（①）に押されて、掃除機に吸い込まれていくのです。**

この時、掃除機は一緒に空気も吸い込んでいますが、この空気はファンによってどんどん外に送り出されていきます。だから掃除機はゴミを吸い込み続けることができるのです。

ところで、真空とはどういう状態なのでしょうか？　真空とは空気がない状態ということは一般に知られていますが、では、なぜ真空状態をつくることで掃除機はまわりのものを吸い込むことができるのでしょうか？　その答えは大気圧にあります。

大気圧とは文字通り大気、つまりわたしたちの身の回りにある空気による圧力です。**1㎠におよそ1㎏**重の大気圧がかかっているのですが、なかなか想像しにくいですよね。わかりやすい例は家庭などでも使う吸盤ですが、これは押し付けることで内部の空気を抜いて真空にし、外側からの大気圧に押されることで壁などに張りつく仕組みになっているのです。

この力がどれほど強いのかを調べた**マクデブルクの半球（②）**と呼ばれる実験では、**直径40㎝ほどの半球を2つ合わせてなかを真空にしたところ、これを引き開けるのに約16馬力が必要だったと伝えられています**。このあとも研究が進められ、現在、掃除機にその原理が応用されるまでになったのです。

真空による力の限界はどこか？

掃除機は真空の力を使ってゴミを集めていること、真空には強い力があることがわかりました。ではその性能はどこまで高めることができるのでしょうか？　その答えは真空の〝区分〟にあります。

例えばジャンボジェット機が飛行する高度の大気や、一般に流通する真空パックのなかなどは「低真空」と呼ばれる状態で、地表の１／10程度の空気があります。続いて、断熱材などに使用される真空断熱パネルのなかは「中真空」と呼ばれる状態。さらに「高真空」「超高真空」「極高真空」と空気の量が減っていきます。完全な真空は、気体の分子が一つも存在しない気圧ゼロの状態ですが、宇宙にも存在しません。

これは**人工的につくることは今のところ不可能ですが、もしも掃除機のなかを完全な真空状態にすることができれば、これが掃除機の性能の最大でしょう**。計算上では、ノズルの先端をマクデブルクの半球と同じ直径40㎝とした時にはなんと、吸い込む力は１万N（ニュートン）を超え、約１・３tf（重量トン）にも達するのです。これは、軽自動車ぐらいは吸い込める計算になります。

キーワード① **大気圧**

気体には周囲の物体を常に押そうとする性質があり、これを大気圧（気圧）と呼び、気体がある場所ではあらゆる物体に対して力がかかる。地上の人間やものがこの気圧に押し潰されないのは、なかから同じだけの力で押し返しているため。

キーワード② **マクデブルクの半球**

1654年にドイツで当時マクデブルク市長のオットー・フォン・ゲーリケが行った実験。ボウルのような金属製の半球の間に革製のパッキンを挟み、なかの空気を抜いて大気圧を証明する実験を行った。

結論

掃除機のなかを完全な真空にしたら軽自動車1台を吸い込める

第8話 歩きながらコードレス充電ができる？

コードレス充電の技術はすでに実現!?

現代人にとってスマートフォンは便利で欠かせないものですが、電池がなくなった時にすぐに充電できないと、とても困りますよね。街を歩きながらコードレスで電子機器の充電をする、そんな夢のような技術について考えてみましょう。これは無線送電と呼ばれる技術です。

コードレス充電の方法としては、現在すでに3つの方法が実現しています。**電磁誘導**（①）を使ったもの、**磁界共鳴**（②）を使ったもの、**マイクロ波**（③）を使ったものです。このうち最初に挙げた電磁誘導を使ったものは、すでに実用化され一般家庭にも普及しています。

この電磁誘導は、電気を送る側のコイルに電流を流して磁界を発生させると、そ

の磁界の変化をうけて電気を受ける側のコイルに電流が発生することを利用したもの。端子やコンセントが表面に出ていないため、すでに水回りの歯ブラシやシェーバーなどの製品で頻繁に使われています。

しかし電磁誘導で電気を送る場合、電気を送る側のコイルと電気を受ける側のコイルが至近距離で重なる必要があります。これでは冒頭のように街を歩きながら充電するのは難しいでしょう。

なぜ電磁誘導しか使われないのか？

続いて、一般的にはまだ普及していない磁界共鳴とマイクロ波によるコードレス充電について考えてみましょう。磁界共鳴は、原理は電磁誘導と同じですが、送電側のコイルと受信側のコイルの共振周波数を合わせておき、コイル間に共鳴を起こすことで送電の効率を良くします。

これは数十㎝から数m離れていても充電できるので、例えば駅の壁などにコイルを埋め込んでおけば利用できそうです。

しかし、磁界共鳴の充電ではコイルが想定の位置からズレてしまうと伝達効率が急激に下がってしまうのが難点です。これでは街中で歩きながら充電するのには適していません。

では、マイクロ波による充電はどうでしょうか。マイクロ波とは通信などにも使用される電磁波で、大きな電力をより遠くまで輸送できると期待されています。**送電側で電気エネルギーをマイクロ波に変換して飛ばし、受電側で受信したマイクロ波を電力に変換することで、充電できる仕組みになっています**。これなら、歩きながらの充電ができそうな気がしますね。

とはいえ、マイクロ波での充電にも課題が残されています。そのうちの1つが安全性の問題です。

マイクロ波は電子レンジで食品などを温める時に使われているもので、例えば鳥がマイクロ波に当たってしまうと加熱されてしまいます。これが人間であればと考えると……、危険ですよね。

このように、コードレス充電の技術はあっても「街中を歩きながらスマートフォンが自動的に充電される」という日が実現するのは、もう少し安全面の問題をクリアできてからになりそうです。

キーワード①　電磁誘導

電線を巻いたコイルのなかの磁場が変化すると、そのコイルに電圧が発生する現象。発生する電圧の向きは、外部の磁場の変化を打ち消す方向を向く。

キーワード②　磁界共鳴

共振周波数が同じ2つのコイルを並べて片方のコイルに交流を流して電磁誘導で電力を送る。共鳴のため効率が良いのが特長。

キーワード③　マイクロ波

通信用、電子レンジ、レーダーなどに使われる電磁波。波長が0・1㎜以上の電磁波を電波というが、そのなかでも波長が0・1㎜～1m程度のものをマイクロ波と呼ぶ。

結論　コードレス充電はすでに実現。歩きながらの充電は課題の解決待ち

第9話 無限の寿命を持つ乾電池はできる？

電池には素となるエネルギーがある

電化製品の電源を入れようと、リモコンのボタンを押しても反応がない。そんな時、わざわざ電池を交換するのは手間ですよね。電池の在庫が家になければ外に買いにいかなければなりません。無限の寿命を持つ電池があれば楽なのですが、そんな電池をつくり出すことは可能でしょうか？

結論からいって、そんな電池をつくることは不可能です。電池は大きく分けて、**化学電池（①）**（蓄電池を含む）と**物理電池（②）**に分けられます。化学電池は化学反応を起こすことによって、原子から電子を取り出し電気をつくります。物理電池は熱などのエネルギーを変換することで、電気をつくっています。そのため、**素となるエネルギーが尽きれば、電池は切れてしまいます**。そして、世の中に有限でないエネルギーなど存在しないのです。

最も効率的な乾電池は何日持つ?

それでは「無限の寿命を持つ乾電池」は諦めるとして、**「最も効率的な乾電池」は一体どのぐらい持つでしょうか?**　乾電池は先程の分類でいうと、化学反応で電気をつくる化学電池です。化学電池の種類は数多くありますが、原子から電子を抜き取り、電気として使うという仕組みは共通です。つまり、電子を放出するまでの経緯は無視するとすれば、**質量あたりにつくれる電気の量が大きい原子を材料として使うと、「最も効率的な乾電池」がつくれるのです。**質量あたりのつくれる電気の量が最も大きい原子は水素なので、ここでは水素の持つ電荷を使って電力を生む電池を想定して分析していきます。

一般的な単3電池の重量は、およそ25g。「最も効率的な乾電池」がすべて水素からできていると仮定すると、その電池のなかにある水素原子の数は、電池の重さを水素原子1つあたりの質量で割ることによって求めることができます。その結果、「最も効率的な乾電池」には、水素が**約7.5×10^{24}**個含まれていることになります。

そして、電気は電子という小さな粒が流れることで発生します。**1つの水素原子に**

は1つの電子が含まれているので、「最も効率的な乾電池」は、電子約7.5×10^{24}個分の電気を発生させることができるのです。

1つの電子が持つ電気の量を**電気素量**（③）といいます。1A（アンペア）の電流が1秒間（s）に運ぶ電気の量を1C（クーロン）といいますが、「最も効率的な電池」に含まれる電子の数と電気素量から、「最も効率的な乾電池」に含まれる電気の量を計算すると、120万Cになります。

この電気の量は、一般的な乾電池と比べてどのぐらい大きいのでしょうか？　通常のアルカリ単3電池は、2Aの電力を1時間流し続けられるぐらいの電気エネルギーを持っています。1Cは1Aの電気を1秒間流すことができる電気の量だったので、120万Cの「最も効率的な乾電池」は、2Aの電気を60万秒、つまり167時間ぐらい流し続けることができる電気エネルギーを持っていることになります。ということは、**どんなに効率的な乾電池をつくっても、同じサイズ、同じ電圧であれば、普通のアルカリ電池の167倍ほど長持ちする乾電池しかつくることができないのです。**

キーワード① **化学電池**

内部の化学反応によって電気を起こし、その電気エネルギーを取り出す電池。使い切りの一次電池、外部から電気を流すともう一度使えるようになる二次電池、燃料を化学反応させる燃料電池に分類される。

キーワード② **物理電池**

太陽光発電のように光や熱などのエネルギーを電気エネルギーへ変換する電池。

キーワード③ **電気素量**

電子の電荷の絶対値。eという記号で表される。$e = 1.602176 62 \times 10^{-19}$C。電子の電荷は-e、陽子の電荷は+eに等しい。

結論

無限は不可能。どれだけ効率的でもアルカリ電池の167倍しか長持ちしない

単位表　－その1－

質量／面積／時間の単位は、それぞれ以下の通り。
※太字は国際単位系(SI)ではない単位

■質量の単位

軽

単位名	記号	換算
フェムトグラム	fg	$1fg=10^{-15}g$
ピコグラム	pg	$1pg=10^{-12}g$
ナノグラム	ng	$1ng=10^{-9}g$
マイクログラム	μg	$1\mu g=10^{-6}g$
ミリグラム	mg	$1mg=10^{-3}g$
グレーン	**gr**	**1gr=64.79891 mg**
カラット	**ct,car**	**1ct=200mg**
グラム	g	
キログラム	kg	$1kg=10^{3}g$
トン	**t**	**$1t=10^{6}g$**

重

■面積の単位

小

単位名	記号	換算
平方ミリメートル	mm^2	$1mm^2=10^{-6}m^2$
平方センチメートル	cm^2	$1cm^2=10^{-4}m^2$
平方メートル	m^2	
アール	**a**	**$1a=10^{2}m^2$**
ヘクタール	**ha**	**$1ha=10^{4}m^2$**
平方キロメートル	km^2	$1km^2=10^{6}m^2$

大

■時間の単位

短

単位名	記号	換算
フェムト秒	fs	$1fs=10^{-15}s$
ピコ秒	ps	$1ps=10^{-12}s$
ナノ秒	ns	$1ns=10^{-9}s$
マイクロ秒	μs	$1\mu s=10^{-6}s$
ミリ秒	ms	$1ms=10^{-3}s$
秒	s	
分	**min**	**1min=60s**
時間	**h**	**1h=3600s**
日	**d**	**1d=86400s**

長

Chapter 02

技術の話

車やライトの発明で人類は大きく進歩した。今後科学の発展によって、私たちの生活がさらに豊かになれるかを検討してみよう！

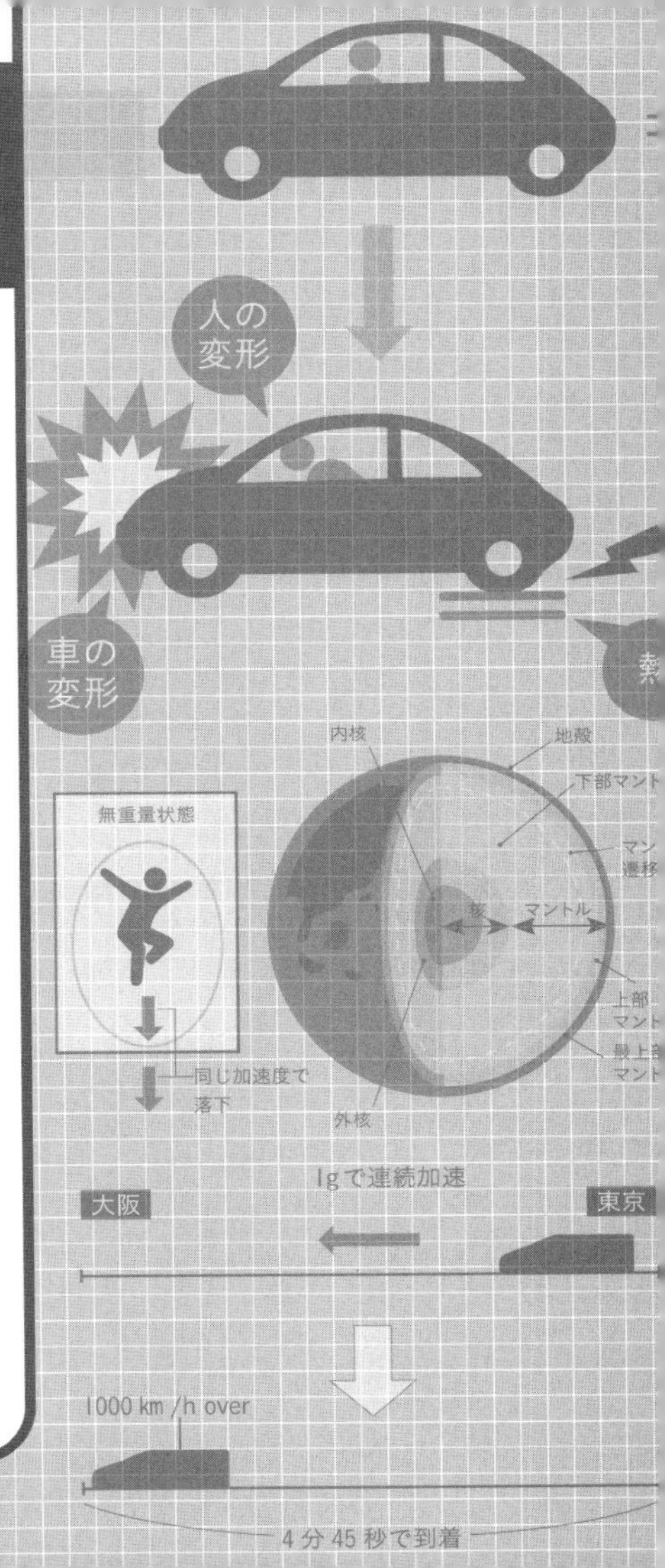

第1話 東京〜大阪を5分で移動する鉄道はつくれる？

東京〜大阪を高速移動するには

日本の2大都市である東京と大阪間は、長年に渡ってより早く移動できるように技術開発が行われてきました。明治22年に東海道本線が開通した時には20時間かかっていましたが、昭和39年の東海道新幹線「ひかり」が開通して4時間、平成4年「のぞみ」の登場で2時間30分となり、それから25年経った現在でも2時間30分弱が列車移動での最短時間となっています。

対して比較されることの多い飛行機ですが、東京〜大阪のフライト時間はだいたい1時間15分。単純な速度で換算するなら時速320㎞ですが、搭乗待ちの時間や手続き時間などを入れると、どんなに短くても所要時間は2時間を超えてしまいます。

「5分ぐらいで着かないものか」と思う人もいるでしょう。では、実際に東京から大阪まで5分で移動することは可能でしょうか。

大阪までの距離を400㎞とし、摩擦や空気抵抗が無いものとします。例えば、浮上式の**リニアモーターカー**（①）を使い、東京～大阪を直線で結ぶチューブ状のトンネルをつくり、そのなかの空気を抜いて真空にする、といった方法でその状態は実現できます。

そうして1G（②）の加速度で等加速度運動（③）を続ければ、4分45秒ほどで400㎞の距離を走り抜けることができるのです。ただし以下の議論では、下方向に働いている重力を無視します。

数分間の加速でとんでもない速度に

こう書くと1Gはものすごい加速度なのだろう、と思うかもしれません。しかし、1Gの加速度は時速100㎞に到達するのに2・8秒かかる程度の加速。確かに速いですが、現在でもスポーツカーなど、これを上回る加速ができるものもたくさんあります。なので**「摩擦や空気抵抗がほとんどない」加速し続けられるトンネルさえ叶えられれば、今の技術でも実現は可能です。**ただし、この計算では大阪にたどり着いた時には時速1万㎞を超える速度で走行していることになるので、乗客が駅で降りることはとうてい無理でしょう。

乗客を大阪で降ろすためには、東京～大阪の中間地点で今度は減速を始める必要があります。**1Gで加速を始め、中間地点からマイナス1Gの減速を行えば、トータル6分45秒で東京から大阪に到達できます**。どうしても5分にこだわるのであれば、最高速度は時速9600㎞、1・8Gの加速と減速が必要です。

このように「同じ加速度で加速をし続ける」と、想像しているよりもはるかに速い速度に到達します。例えば新幹線「のぞみ」でさえ始動時の加速を400秒続けるだけで、時速1000㎞を超え、19分ほどで大阪に到着します。

このことからもわかるように、列車や飛行機、自動車など多くの乗り物は、加速する時間は数十秒だけです。あとは等速直線運動に移行するのが、通常の運転方法なのです。**これは、乗客の安全と乗り心地を守るため。安全面の技術が向上すれば速度も増すはずなので、もうしばらく待つのがよさそうです。**

キーワード①　リニアモーターカー

直線状（リニア）に並べた磁石の磁力を利用して駆動する列車。磁力を利用して車体を浮かせ、車輪の摩擦を無くす浮上式が知られているが、都営地下鉄大江戸線などのように浮上式ではない鉄輪式リニアモーターカーも実用化済み。

キーワード②　1G（ジー）

加速度の（非国際）単位。地表の重力加速度9.8m/s^2（メートル毎秒毎秒）を単位にしたもの。35.28km/h/s（キロメートル毎時毎秒）に等しい。

キーワード③　等加速度運動

重力のみが働く自由落下など、一定の加速度の下での運動のこと。初めの速度が0なら、軌道は直線になり、加速度と平行でないなら軌道は放物線になる。

結論　摩擦や空気抵抗のないトンネルがあれば10分以内での移動が可能

第2話 衝突事故を起こしても運転手がケガしない車はできる？

事故の時、運動エネルギーは変換されている

交通事故は日々どこかで起きています。高速で自動車が何かに衝突するとき、乗員を守る仕組みの1つがエアバッグです。では、エアバッグとはどんな原理の装置なのでしょうか。そしてその原理を応用すれば、どんな事故でも絶対にケガをしないエアバッグはつくれるのでしょうか。

事故で急停止すると、走行中の車と乗員が持っている**運動エネルギー**（①）は、**「衝突音のエネルギー」「車を変形する仕事」「道路との摩擦熱」「人体を変形する仕事」などのさまざまな形態のエネルギーや仕事に変換されます。**その際、「人体を変形する仕事」をエアバッグが吸収してくれます。

エアバッグは、車体が衝撃を受けると、ガス発生装置内の火薬が点火して一気に

膨らみ、乗員の衝撃を受け止めながらしぼんでいきます。この一連の流れは、わずか0・1秒程度。衝撃を受け止めながらしぼむことによって、乗員の運動エネルギーを吸収して、ケガから守る仕組みになっています。その時、どれほどの運動エネルギーを肩代わりしているのでしょうか。

速度vで走行している質量mを持つ車の運動エネルギーは、$(1/2)mv^2$となります。**例えば自動車の速度vが時速55㎞、つまり秒速15・3mの時、乗っている人の頭部の質量を7㎏と仮定すると、その人の頭部が持つ運動エネルギーは$(1/2)mv^2=820J$となります。**

衝突が起きると、車体は変形しながら約0・1秒で急激に停止します。この時、車体が減速を始めてもドライバーの頭部は前方に運動を続けて、エアバッグにぶつかってから、減速して停止します。

頭部は、5000N（ニュートン）以上の**力（②）**が加わると骨折などのケガをしてしまうことがこれまでの事故のケースからわかっています。そのため、頭部にかかる力をこれ以下に抑えるためには、エアバッグは頭部の衝撃を吸収しながら15㎝以上しぼむ必要があります。

スピードが上がるほど必要なエアバッグも巨大化

では、トップクラスの国産スポーツカーが出せる時速250㎞、つまり秒速69・4mのスピードで衝突しても安全な自動車はどのようなものになるでしょうか。**エアバッグが7kgの頭部を5000Nの力で受け止めると仮定すると、加速度は71m/s²、重力加速度の約7倍となりますが、この程度なら頭蓋骨骨折は免れるでしょう。**この時、この加速度で前方へ飛び出す頭部を受け止めるエアバッグは、受け止める間に1mしぼむ必要があります。

さらに、エアバッグがしぼむ間も頭部は5mほど前方へ移動しながら減速することになりますが、これは自動車の本体が衝突によって潰れることで、減速運動に要する移動距離をつくってくれます。多くの自動車は、事故時に車体が潰れることで衝撃を吸収する設計がされているので問題ないでしょう。

結論をまとめると、1mしぼむエアバッグを搭載し、衝突時に5m車体が潰れる自動車なら時速250㎞で衝突してもケガはしないでしょう。しかし、運転席からハンドルまでは1・5m、ハンドルから前バンパーまでは潰れる5mを含め10mほど必要になるので、超巨大な車になってしまいそうです。

キーワード①　運動エネルギー

動いている物体が持っているエネルギー。質量m、速度vの物体の運動エネルギーは(1/2)mv^2。エネルギーとは仕事をする能力で、単位はジュール（J）。1J=1Nm=1kgm^2/s^2。

キーワード②　力

ニュートンの運動第二法則によると、力は質量と加速度の積に等しい。質量mの物体を加速度aで加速する力fは、f=maとなる。

結論

超巨大なエアバッグを搭載した巨大な車なら絶対ケガしない車も可能

第3話 一瞬で350mまで昇れるエレベーターはできる？

天望デッキに一瞬で到着したい！

地上634mで日本一の高さを誇る東京スカイツリー。350mの高さにある天望デッキに昇る際に使うエレベーターもまた、日本トップクラスのスピードを実現していることをご存知でしょうか。

このエレベーターは最高速度時速36㎞で昇降し、350mの高さをおよそ50秒で昇りきります。これは実際かなりのスピードですが、最大40名の乗客が不快感や負担を感じないように、加速度を調整して上昇しています。

では、そのような配慮を無くし、**限界までエレベーターを速く動かした場合、どのぐらいの速度で昇ることができるでしょうか**。もちろん、配慮をしないとはいっても、乗客を無事に上層階にまで運べなければ根本的にエレベーターとして使えません。**乗客が生きて目的地までたどり着くことが絶対条件です**。

まず人間がどのぐらいの加速に耐えられるか検討してみましょう。

人間が命がけで加速に耐えるという状況は、有人ロケットの打ち上げや戦闘機による旋回と近いものがあります。特にロケットの場合は上方向への加速ですので、エレベーターに非常に近いといえるでしょう。

加速の度合いは、加速度で表されます。加速度とは時間あたりにどれぐらい速度が速くなったかをいいます。例えば高いところから飛び降りた場合、一定の重力がかかっているため、常に1秒あたり9.8m/s速度が増加していきます。この**重力による加速度（①）を1G**といい、これを単位として加速度を表すと普段私たちが感じる重力と加速によって感じる負荷を比較できます。列車や自動車が1Gの加速度で発車したなら、乗客には進行方向に1Gの加速度がかかります。エレベーターが1Gの加速度で上昇を始めたら、乗客の身体には地球による重力と合わせて2Gで、自分の体重が普段の2倍になったかのように感じるでしょう。3G、4G……と増えるにつれてそれに対応した重さを支えないといけなくなるのです。

高速上昇には加速度が問題

　ここで人間が耐えられる加速度に話を戻します。戦闘機などの例を見れば、一部のパイロットは9G以上の加速度にも耐えられます。そのため、**ここでは乗客の耐えられるエレベーターの加速度を8G＋地球の重力としましょう。**

　しかし、8Gの加速度がかかっては普通のエレベーターのように立って乗ることは不可能です。少なくとも椅子が必要ですが、普通に座る形の椅子では血液が足元の方向に集まってしまい、**ブラックアウト（②）**を起こす危険があります。それこそロケットのように寝そべる形の椅子が適しているでしょう。

　さて、**8Gの加速度で等加速度運動（③）をするとすれば、350mの高さは実に3秒で到達します。**現在の所要時間である50秒と比較すれば、一瞬で着くといえなくもないでしょう。

　ただし、その時のエレベーターのスピードは時速850㎞。急ブレーキをかければ数十Gの加速度が逆方向にかかり、乗客は天井に叩きつけられてしまいます。止まる時のことを考えると、「一瞬」で上層階に届くエレベーターをつくるのは、難しいことがわかりますね。

キーワード①　重力による加速度

ものを落とした時に時間あたりにどれぐらい落下スピードが上がるかを表し、重力加速度と呼ばれる。地球では9.8m/s^{2}だが、月では重力が1／6と弱いため、1.622m/s^{2}である。

キーワード②　ブラックアウト

心臓より下に大きな加速度がかかることで、脳への血流量が減少し、視界を失ったり意識を失ったりすること。

キーワード③　等加速度運動

一直線上を一定の加速度で進む運動のこと。一定の力を受け続けている物体がする運動で、自由落下運動はその代表例。

結論　着いた瞬間にケガしてよいなら3秒で到達可能

第4話 着地の瞬間にジャンプすればエレベーター落下でケガしない？

無傷で済むためのジャンプ力はどのくらい？

エレベーターで下降している時、「もしこのままワイヤーが切れて落ちてしまったらどうしよう」と不安に思ったことはないでしょうか。数階分の高さから落下することを考えると、足がすくんでしまいますよね。

しかし、地面に衝突する瞬間に上方向に思いっきりジャンプすれば、衝撃が緩和されて助かりそうな気もします。実際のエレベーターには、周囲の壁やレールに対してブレーキが装備されているため、いくつもの事故が重ならない限り急速に落下するような事態にはならないのですが、ジャンプで助かるのか物理学的に考えてみましょう。

まず、落下して地面に激突する直前のエレベーターを想像してみてください。空気抵抗を無視すると、重いものも軽いものも同じスピードで落下していきます。つまり、エレベーターと乗客はその重さにかかわらず、一緒に落下していくのです。この時、位置エネルギーが運動量に変わっていき、落下速度は地面直前で最速になります。**その時と同じ運動量（①）を身体に与える脚力があれば、どうやら着地の衝撃をゼロにできそうです。**

その脚力は「エネルギー保存の法則」によって簡単に求められます。地面直前の運動量は、落下し始めた高さの**位置エネルギー（②）**が運動量に変わったもの。つまり、落下し始めた高さに自分がいる時の位置エネルギーと、同じエネルギーを持つ上向きの運動量があればいいわけです。**その運動量を身体に与える脚力は、落下し始めた高さまでジャンプする脚力にほかなりません。**

つまり、30mの高さから落ちたのであれば、30mの高さまでジャンプする脚力があれば落下の運動量を打ち消すことができる、というわけです。

30mまでジャンプできる人が、地面に着く瞬間にエレベーターのなかで床を蹴って運動量を打ち消している状況は、外から見ると単に30mの高さから落下して自分の脚力で着地したことになります。それはつまり、**着地の瞬間にジャンプしてケガしないだけのジャンプ力があるなら、普通に同じ高さから飛び降りて、ケガせずに**

丈夫そうですよね。

着地できてしまうというわけです。「そんなことあるわけない」と感じるかもしれませんが、30ｍジャンプする脚力がある人だったら高いところから飛び降りても大丈夫そうですよね。

落下中にジャンプするのは可能？

また、落下するエレベーターのなかでジャンプするには別の問題があります。我々が通常、地面の上で歩いたり走ったりジャンプしたりできるのは、重力によって足が地面に着いているからです。

自由落下（③）しているエレベーターのなかでは、物体も私たちの身体もまた自由落下しています。これは国際宇宙ステーションの内部などと同じ無重量状態で、人体を含む物体は軽く押すだけでふわふわ移動してしまいます。

そんな状況で移動したりジャンプしたりするには、無重量状態で訓練を積んでおくことが必要でしょう。30ｍジャンプするような脚力だけでなく、日々の備えが肝心なのです。

キーワード①　運動量

動いている物体の運動の状態を表すもので、質量と速度の積で表される。単位はNs（ニュートン秒）である。運動エネルギー（＝（1/2）・質量・速度^2）とは違う物理量。

キーワード②　位置エネルギー

重力のある環境におかれた質量が潜在的に持っているエネルギーのこと。位置が高いほど、また質量が大きいほど、位置エネルギーは大きい。

キーワード③　自由落下

物体が重力の働きによって行う加速度運動のこと。自由落下する箱のなかは無重量状態となる。天体の周囲を回る衛星や人工衛星は自由落下を続けている状態である。

結論　通常では考えられない脚力とたゆまぬ努力が必要

第5話　話題の核融合発電を使えば、電気代が安くなる？

燃費の良い核融合発電

家計を圧迫するのが、日々の暮らしにかかる電気代。冷暖房をフル回転する夏や冬には、あまりの電気代の高さにびっくりしてしまうこともありますよね。なぜこんなに電気代は高いのでしょうか？

現在日本では、多くの電力を火力発電でまかなっており、その割合は２０２１年時点で72・９％も占めています。車を動かすのにガソリンがいるように、火力発電にはもちろん燃料が必要。燃料の種類はＬＮＧだったり、石油だったりさまざまですが、そのコストが電気代の高さの理由の１つとなっています。燃料のコストは国際情勢によって乱高下しますし、資源が枯渇してくればその価格は高騰するでしょう。そうなれば、今以上に電気代が高くなることも十分にありえるわけです。では、なんとかして燃料費を安く済ませる方法はないのでしょうか？

その方法の1つとして期待されているのが、核融合発電です。非常に効率のいい発電方法で、燃料1gから生み出されるエネルギーは、石油約8トン相当。また、燃料となる重水素と、三重水素を生成する原料であるリチウムは、海水の中に豊富にあるため、資源が枯渇する心配が当分ないのです。

核融合反応と聞くと、「太陽で起きているのと同じ反応」と思う人もいるかもしれません。しかし、核融合発電で用いる反応は、太陽で起こっている反応とは異なります。太陽で起きている4個の水素からヘリウムをつくる反応はマネできないのです。核融合発電に使う燃料は水素の**同位体**（①）である**重水素**（②）と三重水素（トリチウム）で、これらを核融合させると、ヘリウムと中性子ができるとともに、大きなエネルギーを取り出せます。

核融合発電には、発電効率の良さ以外にも、通常の条件では起こらない反応なので「事故が起きても核分裂反応のように暴走しない」「二酸化炭素や高レベル放射性廃棄物が発生しない」などのメリットもあります。

技術やコスト面で課題もある

もし、核融合発電が実用化されれば、燃料代が今よりずっと安くなるかもしれません。しかし、だからといって電気代が安くなるとは限らないのです。

その理由は初期費用の高さ。核融合発電所には大掛かりな施設が必要で、建設に数兆円規模の費用がかかり、この費用を回収できるかどうかはわからないのです。せっかく燃料が安くても、電力会社は初期費用の問題を解決するため電気料金を値上げすることは間違いないでしょう。

また、核融合炉建設には技術的な問題もあります。核融合炉の建設には、数百度の高温に何年も耐えられる材料が必要です。しかも高エネルギーの中性子が衝突するので、中性子が当たった材料自体が、低レベルの放射性物質になってしまいます。この問題をはじめ、核融合発電には解決すべき課題が山積みとなっているのが現状です。

現在、世界各国が協力して**核融合実験炉（③）**の建設を進めています。実験炉は2025年に運転開始、2035年に核融合開始予定で、まだエネルギーが取り出せるかも不明と、実用化にはまだしばらくかかりそうです。

キーワード① **同位体**

同じ元素の原子核ならば、含まれる陽子の数は同じ。しかし含まれる中性子の数は異なる場合がある。そういう原子核を同位体（アイソトープ）と呼ぶ。

キーワード② **重水素**

水素の同位体には、陽子1個と中性子1個からできた重水素、陽子1個と中性子2個からできた三重水素がある。

キーワード③ **核融合実験炉**

フランスのカダラッシュで建設が進められている、「ITER」と呼ばれる核融合炉。日本、EU、アメリカ合衆国、ロシア、中国、韓国、インドがこの計画に参加している。

結論

発電所の建設コストが高すぎて、当面電気料金は安くならない

第6話 永久機関をつくることはできる？

エネルギーを与えなくても仕事を続ける機関

永久機関とは、外からエネルギーをまったく与えられることなく、仕事をし続けることができる機関のことです。もし、このような永久機関が実現すれば、世界のエネルギー問題は一気に解決するでしょう。

これは古くから人類の大きな夢。何回も製作が試みられ、かつては水の流れを循環させて水車を回す、一度下に落ちた鉄球を磁石の力で上に持ち上げる、といったさまざまな永久機関が考えられてきました。しかし、これらのアイデアには、必ず矛盾している部分があり、永久機関は実現していません。

そもそも、永久機関に限らず「仕事」とは、自分が持っているエネルギーをほかの物体に与えることです。**外部から何のエネルギーも得ずに、永久に他の物体にエ**

ネルギーを与え続けることができるとすれば、それは「何もないところから無限にエネルギーを生み出している」という、物理法則を無視した現象にほかなりません。

これは「熱もエネルギーの一種であり、熱も含めたエネルギーの総和は保存される」という**熱力学第一法則**（①）、いわゆるエネルギー保存の法則を破っています。この法則は無からエネルギーを生むタイプの永久機関は、不可能だと述べているのです。

歴史的には、逆に永久機関が実現できなかったことで、熱力学第一法則を思いつくことができたといえます。このように無からエネルギーをつくり出そうとするタイプの永久機関を「第一種永久機関」といいます。

熱力学第一法則を破らない永久機関

続いて、熱力学第一法則を破らないタイプの永久機関である、「第二種永久機関」と呼ばれるものを紹介しましょう。

これは、**ある1つの熱源から熱エネルギーを取り出し、そのエネルギーの100%を仕事に変換しようというものです。**熱力学第一法則には反しないのですが、この永久機関にも次のような問題があります。

例えば、室内で氷は熱を吸収して溶けて水になります。しかし、外部から手を加えなければ、水が自発的に熱を放出して氷になることはありません。空気の熱が氷に移動するように**2つの物体が接触すると熱は必ず温度の高いほうから低いほうへと移動し、その逆は起こらないからです**。熱が関わる変化の多くは、このように不可逆的な変化でした。

これを厳密に表現すると「外部に何の変化も残さず、熱が全部仕事に変わることはない」という**熱力学第二法則**（②）になるのです。この熱力学第二法則からは、熱を100％仕事に変える第二種永久機関も不可能であることが証明できます。

このように、熱力学という物理分野は、永久機関は不可能だという基本原理の上に築かれています。完成すれば人類の生活を豊かにすることは間違いないですが、今後熱力学に革命を起こす新しい法則が見つかる日が来るまで、永久機関の実現は難しいといわざるを得ませんね。

キーワード①　熱力学第一法則

エネルギー保存の法則ともいわれる。機関（系）に与えた熱量をQ、系に外部からした仕事をWとすると、系の内部エネルギーの増加分ΔUは、ΔU＝Q＋Wとなる。

キーワード②　熱力学第二法則

外部に何の変化も残さず、熱が全部仕事に変わることはないという法則。これはまた、外から熱を吸収し、これをすべて力学的な仕事に変えることは不可能とも言い換えられる。

結論　熱力学第一と第二法則が永久機関を否定している

第7話 深海を照らせるライトはつくれる？

水深400mの海底に光を届ける方法はあるのか

深い海の底は太陽の光の届かない真っ暗な世界であるというのは、テレビなどで見聞きしている人も多いでしょう。太陽の光すら届かない海底。これを明るく照らす方法はあるのでしょうか？

水中の混合物や汚れなどの影響は無視しますが、水の色は水深が浅い場所だと透明、ある程度深くなると青、さらに深くなると黒っぽく見えることは、よく知られています。これは**水が光を吸収するため**。**また波長の長い赤い光ほど吸収されやすく、波長の短い青い光は吸収率が低い、という理由によって色の差ができるのです**。

この時、水深の浅い場所では光がほとんど吸収されないため、水は透明に見えます。ある程度深いところにいくと、波長の長い赤い光が吸収され、青っぽい光が水中の物体を照らします。そして水深の深い場所ではすべての光が吸収されてしまうため、真っ暗になってしまうのです。

このような理由で水深10m地点では青い水中の世界が見られます。そこから先、いわゆる深海と呼ばれる水深400mまで潜ると、きわめて透明な海でも水面の1／10万しか光が届かず、周りは真っ暗になります。

海底を懐中電灯の明るさで照らす

では、海底を明るく照らすことを考えましょう。人が目で見た明るさを「**照度①**」といい、照度は**ルクス(lx)②**という単位で測りますが、海底でこの照度が上がれば、周りの景色も見られるはずです。

太陽光に照らされた地面の明るさは、天候や太陽の高度によって違いますが、典型的には**10万lx**程度です。一方、一般的な家庭用懐中電灯で床などを照らした明るさはおよそ**100lx**といわれています。では、懐中電灯と同じ照度で海底を海上から照らすにはどうすればいいでしょうか？

単純に考えるなら、**海上の光の1／10万しか届かない水深400mの海底をある明るさで照らすには、海底の照度の10万倍の照度で海上を照らせばよいこ**

とになります。計算すると、その時必要になるのは懐中電灯なら10万倍、つまり太陽光の100倍の1000万lxあれば、水深400mでも海底を眺めることができる100lxの照度を得られるでしょう。

しかし、それだけの光量を当てるとなると、その周辺もただではすみません。光を当てられた海水の温度はあっという間に上昇し、光の通り道にいる海中の生物たちは大きなダメージを受けます。

もちろん、その光を発生させる照明機材はすぐに高温を発し、やがて限界を超えて発火してしまうでしょう。さらに、照射している海面はまばゆい輝きを放ち、それを直視した人は失明してしまいます。

もし、海面に照射する光にうっかり手でも差し伸べたら……、真夏の日焼けなど比べ物にもならない大やけどを負ってしまうはずです。

ここまで挙げたように、海上から海底を懐中電灯並みの光で照らすための代償は、かなり高くつくことになるようです。

キーワード①　照度

人の目によって知覚される、物体（平面）が照らされている明るさを表す物理量。人の感覚器の目が関わる、変わった物理量。

キーワード②　ルクス(lx)

照度を表す単位。ルーメン毎平方メートル（lm/m^2）とも表される。面に1.46mW/m^2の緑（波長５５５ｎｍ）放射を当てる時の照度が1lx＝1.46W/m^2と定義される。

結論

太陽の１００倍の明るさが必要。
ただし光の通り道は超危険

第8話 エコな氷のトンネルを海中につくれる？

真水より凍りにくい海水

２０１１年、東日本大震災によって事故が発生し、現在もその対応が続く福島第一原子力発電所。地下水の流出を止めるため、地下に凍土壁なるものがつくられました。

この凍土壁をつくる技術は**凍結工法**（①）と呼ばれ、従来から海底トンネルの工事や通常のトンネルでも地下水を防ぐ際などに広く利用されてきました。具体的には、地中に通した細い管にマイナス30℃の冷却材を循環させて管の周りの土壌そのものを凍らせて壁をつくる、というものです。では、この技術を使えば、海水そのものを凍らせ、例えば海中に氷のトンネルや氷の防波堤をつくるなど活用することはできるのでしょうか？

海中に氷のトンネルをつくろうとした場合に最初に問題になるのが「海中で氷をつくる」ことの難しさです。**海水に限らず、水は温度差によって温かい水と冷たい水が場所を入れ替える「対流」が起こるため、凍りにくいのです。**海のように水量が多い場合、冷やした水が凍る前にどんどん海面に向けて上昇していってしまいます。

さらに、海水は凍らせると塩の混じった氷にはならず、純粋な水からできた氷と、塩分の濃い液体に分離します。すると、**塩分の濃い液体が海水中に溶けて周囲の塩分濃度が上昇するため、凝固点降下（②）の原理によりどんどん凍結しにくくなっていきます。**例えば、真水は０℃で凍結しますが、一般的な海水の塩分濃度では凝固点は**マイナス１・８℃**前後。さらに、凍った海水の周りで塩分濃度が高まって濃度25％の**飽和食塩水（③）**になると、マイナス22℃まで凍らないのです。

凝固点が低くて凍りにくいということは、溶けやすいということでもあります。一度凍らせても、凝固点以下の温度を維持するのが非常に難しく、周囲の海水が対流で温かいものに入れ替われば溶け出してしまうのです。

海底で立ちはだかる大きな壁は水圧

もう1つの問題が水圧です。仮に陸上でうまく氷をつくって海底に沈めたとしても、**わずか水深10mでも1㎡あたり約10tf（重量トン）の水圧を受けることになり、これに耐える氷の厚みは4～5mにもなります。**

また、水圧で問題となるのは強度だけではありません。水圧が上昇すると、塩分濃度が上がる場合と同じように凝固点が低下してしまいます。

沈めている間に凝固点がどんどん下がっていき、氷が溶けやすくなります。結果、氷の強度が下がることになり、2つの意味で水圧が大きな壁となって立ちはだかります。

以上を見てみると、やはり氷で海中にトンネルのような構造物をつくって維持するのは大変だといわざるを得ないでしょう。

もし有効に利用できるとすれば、凍結工法と同じように海底にトンネルや施設を建設する際の一時的な基礎や支えに使うといった程度でしょうか。海中に還るため後で取り壊す手間がいらない、という環境に優しい一時資材とする方法ぐらいが現実的なようです。

キーワード①　凍結工法

土壌を凍結させて水を止める方法。セメントなどに比べて工事が容易で、破損しても低温であれば自己修復するなどのメリットがある。管に通す冷却液はブラインと呼ばれ、塩化カルシウムなどを溶かした水溶液を使用。

キーワード②　凝固点降下

溶質（塩）を溶媒（水）に溶かすと凝固点が低下する現象。前述のブラインも凝固点降下を利用することでマイナス30℃でも凍らない。

キーワード③　飽和食塩水

水の中に物質が大量に溶け込み、それ以上溶けなくなった状態が飽和状態。塩の場合100cc、25℃の水でおよそ36gが溶けるのが限界で、その時の塩分濃度は26・4％となる。

結論

氷のトンネルを実現するのは土中のトンネルより数倍難しい

第9話 地球を貫通するトンネルはつくれる？

トンネルを抜け、いざ地球の裏側へ！

「地球を貫通するトンネルがあれば、地球の裏側にある南アメリカまですぐ行けるのに」と、誰もが一度は考えたことがあるのではないでしょうか。２０１６年に欧州で開通した世界最長・最深のトンネルは全長53・９㎞。地殻の厚さが平均30㎞程度なので、鉛直にこれだけ掘れば地殻を貫くトンネルはつくれそうな気もしますよね。もし、**地球の直径1万２８００㎞を貫くトンネルを掘り、自由落下で通過すると、片道42分で南アメリカへ到着する計算になります**。日本から本場のサンバ教室へも、仕事帰りに通えるのです。

では、地球の中心を貫通する穴掘りについて考えてみましょう。最初は、地盤の硬さからです。**地球の内部は、その上に覆いかぶさる岩がぎゅうぎゅう押すため、**

深部ほど密度が高く、温度（①）や硬度も増します。

地表から2890kmに位置するマントル―外殻境界（グーテンベルク不連続面）では134万気圧。世界一深い海底（マリアナ海溝）でも1100気圧程度ということを考えると、とんでもない圧力で締め固められていることがわかります。地球中心部では計算上359万気圧。超高圧により固められた岩石は、硬度も半端ではありません。

また、**地球に穴を掘ると、深くなるにつれて地面の温度が上がります。**人類が掘った最も深い穴はロシアで記録された12kmで、地中の温度は180℃に達しました。このような高温に耐えながら固い岩盤を掘り進めるのは、技術面で考えてもあまりに過酷な作業です。

ここでは現実的な限界はさておき、硬度も温度も対応できる理想的な掘削機があると仮定してみましょう。掘り進めていくと、上部マントルでおよそ1000℃、下部マントルでは3000～4000℃に達します。そして、**地球の中心部は6000～7000℃と太陽の表面温度に相当する温度に。**この温度に耐えられるトンネルの外壁をつくるのは苦労しそうです。

灼熱のトンネルで超高速移動!?

では、ここで穴を人類が掘ることは諦めて、「地球を貫通するトンネルを見つけた」として、これを使うと何が起きるか考えてみましょう。空気抵抗があると面倒なことになるので、内部は真空に保たれているとし、**地球の自転**（②）による影響も無視します。

トンネルに飛び込むと、21分後には地球の中心で最高速度が秒速7900m、音が空気中を進む速さの23倍（マッハ23）に達します。中心を過ぎると重力によって徐々に減速していき、出口での速度は飛び込んだ時と同じになります。この時、進入速度が遅いと出口の端で逆戻りをしてしまい、速すぎると飛び出してしまうので、進入速度は非常に重要です。

そのトンネル内部は、最大温度が6000℃超。ただし、トンネル内は何らかの技術によって真空に保つことにすれば、温度を伝える空気が存在しないために、この高温を通り過ぎる間、乗員や貨物を熱から保護することはできるでしょう。やはり問題は、高温高圧に耐えるトンネルを建造することができるかどうかにありそうです。

キーワード① **温度**

地球に深い穴を掘った時に暑くなるのは、マントルや核の温度が伝わってきたからではなく圧力が高まって空気が圧縮され、温度が上昇するため。

キーワード② **地球の自転**

自転により地球上の物体に働く力は遠心力のほか、運動している物体の軌道を曲げる「コリオリの力」もある。

結論 **6000℃、360万気圧に耐える掘削機とトンネルがあれば可能**

第10話 ハンディなレーザー銃はつくれる？

レーザーはすでに身近なもの!?

昔からSF映画や漫画、アニメなどで頻繁に登場してきた、未来の兵器の代表格ともいえるレーザー銃。実際に兵器として使われる日が訪れるのかどうか、誰もが疑問に思うことですよね。

そもそもレーザーとは、一体どのようなものなのでしょうか。太陽光など、可視光を含むすべての光は**電磁波（①）**といって、いずれも波の性質を持っています。波には波長があり、波の高いところ（山）と低いところ（谷）があります。普通の光はさまざまな波長の光の混合で、波長も山や谷の位置も不揃いです。この波の波長と位相（山と谷）が揃っていることを「コヒーレント」といいます。

そして、**レーザー光とは、レーザー媒質（②）と呼ばれる気体や結晶のなかで増**

幅され放射された、コヒーレントな光です。

レーザー光は、長距離でも拡散せずに飛び、レンズを使えば光のエネルギーを1点に収束させることもできます。このような優れた性質から、レーザー光は私たちの身の回りでもすでに多く利用されています。

最も身近なものはCDやDVDで、ディスク面にレーザーを当ててその反射光でデータを読み取る仕組みになっています。データの1ビットを表す箇所がごく小さくても読み込めるので、多くの情報ディスク規格でレーザーは採用されています。また、コンサートを派手に演出する色つきのレーザーや、会議用のレーザーポインター、レジのバーコード読み取り機なども身近な例です。

ほかにも、**1点に高いエネルギーを集中できることから、金属などの切削や切断をレーザー光で行う工作機械も存在します**。また、金属などの表面に細かくて正確な文字や模様を刻印することができるため、レーザー光は工業分野でも重宝されています。

夢のハイテク兵器の実現はまだまだ先!?

では、レーザー光線銃の話に戻りましょう。レーザー銃やレーザー兵器とは、工作機械におけるレーザーをさらに強力にして利用するもの。前述の通り、レーザー光は優れた直進性を持ちますが、ある弱点があります。**高出力のレーザーをつくるには、高出力な電源が必要だということです**。そのような電源は重くかさばるため、携帯に向きません。小型銃に搭載できるようなサイズの小さなバッテリーでは完全に出力不足です。

現在の技術で搭載できるバッテリーでは、相手を照らす程度で、ダメージを与えられる威力は望めません。いわゆる拳銃程度の小さいレーザー銃はまだまだ先の話と考えられています。映画のような小型のレーザー光線銃は、高出力バッテリーの登場までお預けのようです。

ただし、**持ち運ぶことは無理でも、自動車や船であれば大型バッテリーでも載せることは可能です**。

すでに米軍では艦船に搭載するレーザー銃が配備され、ドローンなどを撃ち落とすことができるといわれています。

キーワード① 電磁波

光や電波はすべて電磁波。波長の違いで可視光、赤外線、電波などに区別される。レーザーは可視光以外の電磁波でも生み出すことができ、波長0・1㎜以上のマイクロ波の場合はメーザーと呼ばれる。

キーワード②　レーザー媒質

コヒーレントな光を生成、増幅する物質のこと。特殊な性質を持つ結晶やガラス、気体、半導体などがある。かつては合成ルビーも使われていたが、効率が悪いため現在では赤色にこだわるユーザー向けにしか使われない。

結論

すでに大型兵器は実用化済。小型化は技術の進歩待ち!?

第11話 レーザー光線で地球を破壊できる？

SF映画のように地球を爆発させるには？

映画『スター・ウォーズ』には、数々の超兵器が登場しますが、そのなかでも最大のものが銀河帝国軍が建造した衛星サイズの要塞兵器「デス・スター」。このデス・スターに搭載されたスーパー**レーザー**（①）は、惑星さえも破壊してしまうほどの威力で、作中で地球サイズの惑星を粉々に破壊しています。

これに限らず、ＳＦの世界などではスーパー兵器によって地球（惑星）が破壊されるシーンが時折登場します。では実際に、地球を映画や漫画のように粉々に爆発させようとするスーパー兵器はできるのでしょうか？

最大の障害となるのが、物質に働く重力です。いわゆる万有引力と呼ばれる力で、質量を持つあらゆる物体は他の物体を相互に引きつけるのです。これがあるため、**ス**

ーパー兵器で地球を攻撃し、地球を割ったとしても、地球は重力によって再び結合して惑星の形は維持され続けます。もちろん、地表は大ダメージを受け、生物は全滅しますが、それでも目標を達成するには足りないのです。

　地球をバラバラに破壊するためには、地球そのものをある程度粉々に破壊した上で、各々の破片に地球の重力から脱出できるだけの速度＝**地球の脱出速度（②）**に到達できるだけのエネルギーを与える必要があります。

実際に必要なエネルギーはまさに桁違い

　ということは、地球の持つ重力エネルギーを打ち消すだけのエネルギーを導き出せば、必要な破壊力が導き出せるはずです。惑星表面で質量mの物体が持つ重力エネルギーは、万有引力定数をG、地球の質量をM、半径をRとした場合、$-\frac{GMm}{R}$で導き出されます。符号がマイナスなのは、物体が遠く離れて地球の重力の影響を受けない場合にゼロになるように定義しているためです。これを打ち消す$\frac{GMm}{R}$のエネルギーを質量mに与えると、脱出速度を得て無限の彼方へと吹き飛んでいきます。惑星を粉々にして吹き飛ばすには、少々式が変わって、$\mathbf{3GM^2/5R}$のエネルギーが必要です。

さて、この式を地球に当てはめ、導き出される地球を粉々に破壊するために必要なエネルギーは2.25×10^{32}J（ジュール）。広島に投下された原子爆弾の破壊エネルギーが6.276×10^{13}Jで、その約３００京個に匹敵します。最近の例と比較すると、東日本大震災のマグニチュード９が1.13×10^{18}Jで、この約１１３兆倍となります。まさに文字通りの桁違いのエネルギーです。

より大きいエネルギーで比較して例えるなら、**太陽が1秒あたりに放出するエネルギーは3.86×10^{26}Jなので、太陽が放出するエネルギーをすべて集め、１６０時間分を一度に地球にぶつけたのと同じことになります**。

こうすることでようやく地球は粉々に爆発し、その破片が結合することもなく、太陽の周りを周回する新たな小惑星ベルトへと生まれ変わります。

これが地球を粉々にするためのシナリオですが、これだけのエネルギーを発生させるレーザーとなると……。太陽エネルギーの１６０時間分の巨大なエネルギーを集積できるレーザー発振器の開発に、どれだけの年月がかかるかの見当もつきませんね。

キーワード① レーザー

レーザーとは光や電磁波を増幅し、発振器を用いて束ねられた人工的な光のこと。小さい範囲に高いエネルギーを集中させることができるため、高出力のものは対象にダメージを与える兵器として利用できると考えられている。

キーワード②　地球の脱出速度

地球の重力を振り切るために必要な速度。11・2㎞／s（時速4万3000㎞）の速さで、第二宇宙速度とも呼ばれる。

結論

地球を粉々に破壊するには莫大なエネルギーが必要

第12話 バネを使って10m以上ジャンプすることは可能？

10m跳び上がるバネの強さ

もっと高く跳びたい、という人類の夢の現れかどうかはわかりませんが、足の裏にバネを付け、高く跳ねることのできる靴があります。ドクター中松氏の発明などが有名ですね。しかし、実際に販売もされている商品では、ジャンプできる高さはせいぜい2mほどにとどまります。

では、このようなジャンプシューズのバネをものすごく強化し、10m以上の高さまでジャンプすることは可能でしょうか？

まずは、縮んだバネの反発する力、つまり弾性力について考えてみましょう。

バネの弾性力は、**フックの法則**（①）により、自然な長さのバネから伸び縮みした長さと**バネ定数**（②）によって定まっています。

さらに、縮んだバネが蓄えている弾性エネルギーは、**E=(1/2)kx²**（k：バネ定数、x：自然長からの伸び、または縮み）と表されます。

このバネ定数自体は、素材と構造によっていくらでも自由に設定することができるので、今回は人が跳び上がるのに必要なバネ定数を持つ強力なものが用意できるものとします。

では、人が10mジャンプするために必要なエネルギーはどれほどになるのでしょうか？

これは10m地点の位置エネルギー、もしくは10m地点から地上までの運動エネルギーを計算すれば、求めることができます。

ある高さから物を落とした場合、その物体の持っている**位置エネルギー（③）**Aは運動エネルギーに変換されながら落下します。

地上に到達、つまり位置エネルギーがゼロになった地点で、エネルギーはすべて運動エネルギーBとなります。この時、10mジャンプするための運動エネルギーCは、エネルギー保存の法則により、A＝B＝Cとなります。**つまり、位置エネルギーを算出すれば、ジャンプに必要なエネルギーがわかるのです。**

落下速度と同じ速度で打ち上げる

では、実際に60kgの人間が10m地点までバネで跳び上がるために必要なエネルギーを考えてみましょう。この位置エネルギーは、質量と重力加速度、高さから計算でき、その値は５８８０Ｊ（ジュール）となります。**つまり、バネが縮んだ時にこれだけの弾性エネルギーをたくわえられれば、人は地上から10mジャンプできるということになります**。もちろん、バネシューズなので最初のジャンプでこのエネルギーになるわけではなく、何度か跳ねてジャンプする高さを高くしていき、最終的にこの弾性エネルギーに達することが必要でしょう。

しかし、ここで大きな問題が生じます。離陸時と落下時の衝撃を支えるのは生身の肉体。全長50㎝でこの速度に達するバネの場合、加速度はおよそ20Ｇにも達するため意識を失う危険性があり、そのまま落ちれば大ケガをします。そこでバネの長さは最低でも１ｍにして、加速度を人が耐えられる限界といわれる10Ｇ以下に抑える必要があるでしょう。また、加速に耐えられる強靭な肉体も必要になりますね。

キーワード① フックの法則

弾性の法則とも呼ばれる。バネの伸び（縮み）とバネの力に関する法則で、バネの力は伸び（縮み）に正比例するというもの。自然長から大きく伸びた（縮んだ）場合には当てはまらない。

キーワード② バネ定数

バネの強さを表す定数で、コイルバネの場合、バネの材料とバネを構成する線材の太さ（線径）、巻き数とコイルの大きさで決まる。

キーワード③ 位置エネルギー

重力下において、ある物体が一定の高さにあることで潜在的に持っているエネルギーのこと。バネの潜在的エネルギーも位置エネルギーと呼ばれる。

結論

全長1m以上のバネなら可能なはず。ただし高い身体能力が必要

単位表　ーその2ー

長さ／温度／力の単位換算は、それぞれ以下の通り。
※太字は国際単位系(SI)ではない単位

■長さの単位

短

単位名	記号	換算
フェムトメートル	fm	$1fm=10^{-15}m$
ピコメートル	pm	$1pm=10^{-12}m$
オングストローム	**Å**	**$1Å=10^{-10}m$**
ナノメートル	nm	$1nm=10^{-9}m$
マイクロメートル	μm	$1\mu m=10^{-6}m$
ミリメートル	mm	$1mm=10^{-3}m$
センチメートル	cm	$1cm=10^{-2}m$
メートル	m	
キロメートル	km	$1km=10^{3}m$
天文単位	**AU**	**1AU=149597870700m**
光年	**光年**	**1光年=$9.4607304725808\times10^{15}m$**
パーセク	**pc**	**$1pc=3.08567758131\times10^{16}m$**

長

■温度の単位

単位名	記号	換算
セルシウス度(摂氏)	℃	$T[℃]=T_0[K]-273.15$
華氏	**°F**	**$t[°F]=1.8\times T[℃]+32$**
ケルビン	K	$T_0[K]=T[℃]+273.15$

T_0＝熱力学温度

■力の単位

単位名	記号	換算
ダイン	**dyn**	**$1dyn=1gcm/s^2=10^{-5}N$**
ニュートン	N	$1N=kgm/s^2$
重量キログラム	**kgf**	**$1kgf=g\times1kg=9.80665N$**

単位接頭語

10^1	10^2	10^3	10^6	10^9	10^{12}	10^{15}	10^{18}	10^{21}	10^{24}	10^{27}	10^{30}
デカ	ヘクト	キロ	メガ	ギガ	テラ	ペタ	エクサ	ゼタ	ヨタ	ロナ	クエタ
da	h	k	M	G	T	P	E	Z	Y	R	Q

10^{-1}	10^{-2}	10^{-3}	10^{-6}	10^{-9}	10^{-12}	10^{-15}	10^{-18}	10^{-21}	10^{-24}	10^{-27}	10^{-30}
デシ	センチ	ミリ	マイクロ	ナノ	ピコ	フェムト	アト	ゼプト	ヨクト	ロント	クエクト
d	c	m	μ	n	p	f	a	z	y	r	q

Chapter 03

スポーツの話

短距離走のタイムや、投手の球速はどんどん記録を伸ばしている。さらなる限界を超えることができるのか、物理学的に分析する。

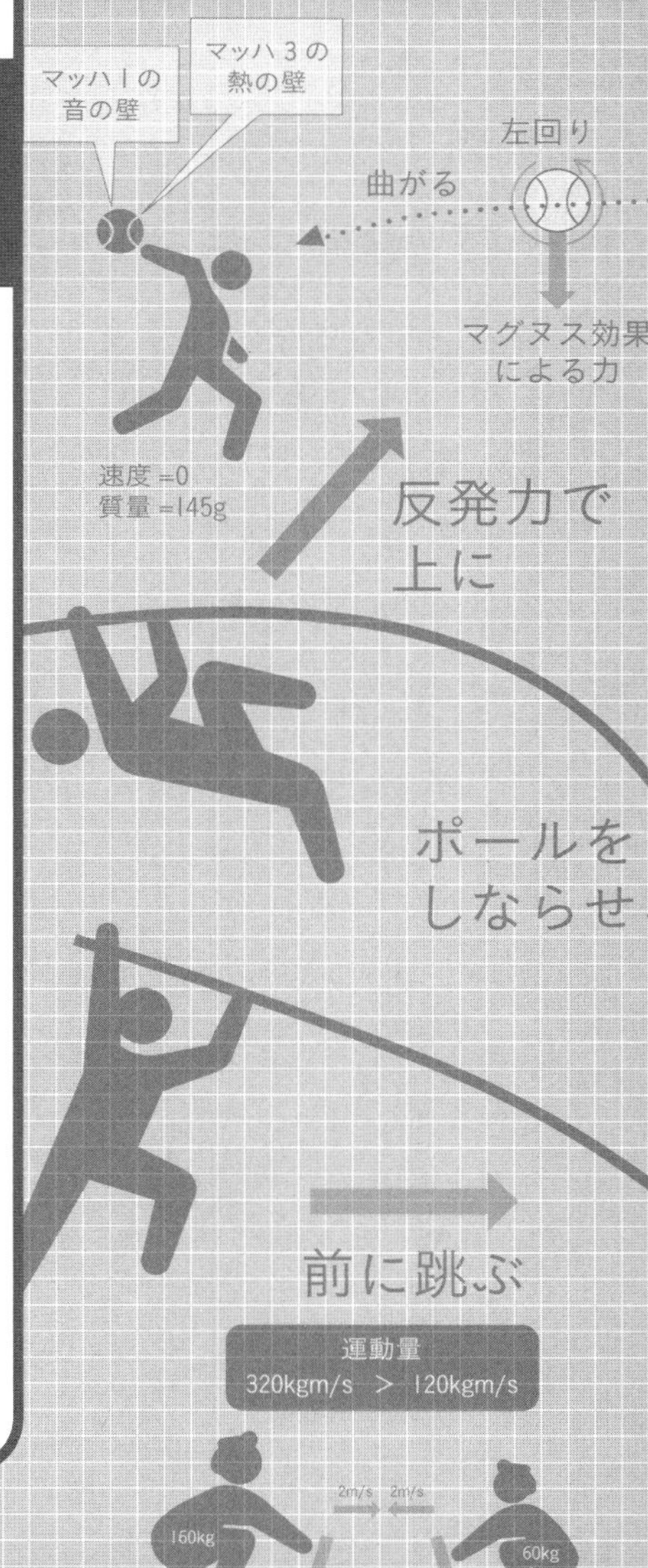

第1話 光速でボールを投げたらどうなる？

投げるだけで衝撃波と大轟音!!

野球は、プロ野球や高校野球のほか、マンガやアニメの題材としても根強い人気を誇る国民的スポーツ。試合ではさまざまなストーリーが展開しますが、やはり剛速球ピッチャーの存在は欠かせません。驚異の球速で三振の山を築く彼らが、もし光の速さで投球したらどんなゲームになるのでしょうか？　究極の投手戦を考えてみましょう。

この世で最も速いものは光ですが、相対性理論によると、物体は光速移動できません。速度が光速に近づくと、物体に運動エネルギーを与えても「**質量とエネルギーの等価性**（①）」により質量に変換されてしまうからです。

つまり、**速度を上げると球はどんどん重くなり、どんなに力を加えても光速には**

ならないのです。しかし、球速は光速にはならなくても、光速に近づけることは原理的にはいくらでも可能です。ここでは光速の99％で球を投げてみましょう。

最初のイベントは、球が光速に達するはるか前に起こります。**大きく振りかぶった腕が弧を描き出した瞬間、投手の腕が音速を突破し、空気の壁を打ち抜く衝撃波と大轟音、そしてマッハを超えるスピードが起こす断熱圧縮による高熱が生じます**。

ピッチャーが投げた球は光速に近い速度のため、空気中の分子の原子核が球の分子の原子核に衝突します。通常なら分子と分子の間の反発力のために原子核同士は近づけないのですが、光速に近い球の原子核は反発力で止めることができません。**原子核衝突（②）**が起こり、核融合反応で熱とガンマ線と放射線が放たれます。

ピッチャーや球から放たれる熱や放射線や衝撃波に耐え、しっかりと球を捕まえるキャッチャー。球速がゼロになった時、キャッチャーミットのなかでは何が起こっているのでしょうか。

まさに消える魔球！　ただし、すべてが……

相対性理論によると、球の速度が光速の99％の場合、球の質量は、静止時の約7倍に増えます。しかし、キャッチャーミットのなかで静止すると球は元の質量に戻

ります。球の重さを145gとすると、質量にして6個分、0・87kgの質量エネルギーが熱や光として放出されることになります。

この時のエネルギーを計算してみましょう。mは0・87kg、cは秒速約30万km。単位をメートルに変換すると秒速3億mです。これを質量とエネルギーの等価性を表す式に代入すると、$E=0.87kg\times(3\times10^{8}\ m/s)^{2}=7.83\times10^{16}\ J$ となり、およそ8京Jです。1L（リットル）の水を0℃から100℃へ温める熱量が約42万Jなので、$8\times10^{16}\ J/(42\times10^{4}\ J/L)=1.9\times10^{17}\ L$ を温められる熱量になります。

これは、0・5Lの熱湯を必要とするカップ麺3800億食分のお湯を沸かせる熱量。世界中の老若男女が18日間一日3食カップ麺を食べられる計算になります。**これを破壊力で例えるなら、広島原爆1250個分に相当するのです**。凄まじいエネルギーだとわかりますね。

キーワード① 質量とエネルギーの等価性

特殊相対性理論によると、エネルギーは質量を持ち、また物体からエネルギーを取り出すとその分質量が減る。これを質量とエネルギーの等価性という。エネルギーと質量の換算式は「$E=mc^{2}$」と表される。

キーワード②　原子核衝突

光の速度に近い衝突では、分子が出合った時に、分子間の反発力では止めることができないので、原子核同士が直接衝突する場合がある。これにより発生する核融合を衝突核融合と呼ぶ。

結論

光速は無理。光速に近い球はすべてを消し去る恐怖の威力！

第2話 上向きに変化する変化球は投げられる？

変化球が曲がる仕組みとは

野球のピッチング技術の1つである変化球。長い歴史と共にバッターを打ち取るためのさまざまな変化球が誕生し、新しい変化球は「魔球」などと呼ばれてきました。

しかし、現在に至っても「上方向に変化する球」は生まれていません。物理的にこのような変化球は可能なのでしょうか？

まず、変化球はどのようにして曲がるのかを確認しましょう。

いわゆる「カーブ」、右投げ投手なら左に曲がるボールは、球を上から見た時、左回りの回転を加えた変化球です。この時、ボールが進行方向に対して左に曲がるのは、「空気中を回転している物体が進む時、物体は空気からの力を受ける」という**マグヌス効果（①）**による結果です。

カーブだけでなく、**ボールに回転をかけることで曲がる変化球は、すべてこのマグヌス効果を利用しています**。

変化球が曲がるもう1つの要素が重力です。ボールが回転していない場合、投げられたボールは空気抵抗によって減速するとともに、重力によって落ちていきます。**これがいわゆる「フォーク」で、これは自然落下をしている球であるといえます**。

では、いわゆる「ストレート」は、どういう回転をしているのでしょうか？ 直球とも呼ばれる球種ですが、実は投球時のピッチャーの手の動きから自然にバックスピンがかかっているのです。

このバックスピンによるマグヌス効果で、ストレートは自然な落下軌道よりも少し上向きに変化しているのです。このバックスピンが強いと、通常のストレートよりも落下が少ない、いわゆる「伸びる球」になり、バックスピンを弱めると、ツーシームやフォークボールといった、ストレートよりも落差がある「沈む球」となるのです。

強烈なバックスピンで上に曲がる

ここに上向きの変化球の答えがあります。つまり、通常のストレート以上にバックスピンをかけ、重力に逆らえるほどの力を与えられれば、ボールは上向きに変化するというわけです。

同時に、球速は速ければ速いほどマグヌス効果に関わる気体の流速が大きくなり、変化量が大きくなります。気体の流速が大きくなればいいので、向かい風も変化量を増してくれます。

野球のボールは約144gなので、ボールには約1・42Nの重力がかかります。これに逆らって10cm上方向に変化させるには、時速150kmで毎秒140回転、時速200kmのボールで毎秒110回転させればよいのです。時速が上がれば必要な回転数が減るという計算になります。

近年、プロ野球選手のストレートの**回転数**（②）が測定されていますが、多くの投手のバックスピンの回転数は毎分2500回転（毎秒41・6回転）、特に多い投手でも2700回転（毎秒45回転）を超える程度。現実には「上に曲がる変化球」に必要な回転数を実現するのは、なかなか難しそうです。

キーワード① マグヌス効果

マグナス効果ともいう。回転する球体に限らず、円柱状の物体が中心軸の回りに回転する場合にも発揮される。

キーワード② 回転数

近年、ストレートや変化球の回転数を測定できる機器が開発され、プロ球団の多くが導入している。高性能弾道測定器の技術を応用したもので、ドップラーレーダーを用いている。

結論

物理的には上に曲げられるが人間の身体能力では難しい

第3話 地球を一周する特大ホームランは打てる?

打球が地球を一周するのに必要な速度は?

野球において、超人的なパワーでホームランを打った場合、理論上はどこまでかっ飛ばすことが可能なのでしょうか? マンガのように地球を一周するような大飛球を実現するためには、どれほどの速さが必要なのでしょうか。

プロの打者が放つホームランは多くが時速150㎞を超えており、史上最速の打球では時速200㎞ほどであったとされます。しかし、これだけの速度があっても、飛距離は200m弱で落下してしまいます。

では、ボールが落下せずに飛び続けるにはどれほどの速度が必要なのでしょう。地面と水平にボールが飛んだとした時、ボールは重力の影響を受け、徐々に落ちてしまいます。しかし、**一定以上の速度であれば遠心力と引力が釣り合い、地面には**

触れないようになるのです。

この時の速度は、地球の半径と質量から導き出されます。その速度は、およそ**秒速7・9㎞（時速2万8476㎞）**。物体がこの速度以上で水平に打ち出されれば、ボールは地球の表面をぐるぐると回り続けます。**この速度を「第一宇宙速度（①）」といいます。**

話を単純化して、静止しているボールを質量の大きなバットで打つとします。この時、バットは打球の1／2の速度で振る必要があります。つまり、およそ秒速3・95㎞です。

さて、ではさらに打球を速くするとどうなるでしょうか？「第二宇宙速度」と呼ばれる**秒速11・2㎞**（時速4万320㎞）を超えると、打球は地球の引力を振り切って宇宙へと飛び出していきます。

このボールは地球をはじめとする惑星と同じように、太陽の引力に捕まり、太陽の周りを回る軌道へと落ち着くことになります。そして、さらに太陽の引力さえも振り切ってしまう「第三宇宙速度」は、**秒速16・7㎞**（時速6万120㎞）になります。

地球を一周するには第一宇宙速度では不十分

ここで最初の速度に戻りましょう。仮に秒速3・95km以上でバットを振り、第一宇宙速度で打球を飛ばしたとしても、実際には大気中であるために空気抵抗で減速してしまうのです。

そのため、ボールが地球を周回するためには、空気抵抗の少ない大気の外を飛ばなくてはいけません。大気のない、例えば100km以上の高度まで打球を届かせることが必要なのです。

しかし、実際には宇宙に到達する以前の問題があります。

それは、秒速7・9kmという速度がマッハ23を超えること。この速度で飛ぶ物体は、前方にある空気が圧縮される**断熱圧縮**（②）という現象によって空気が高温になるため、耐熱性に優れていないと燃え尽きてしまうのです。また、ボールだけでなくバットもマッハ11以上の速度になります。熱に弱い木のバットなどを用いると、ボールを飛ばすことすらできません。

計算上は地球を一周して戻ってくる打球も不可能ではありませんが、燃えたり、折れたりしないボールとバットを用意する必要があるでしょう。

キーワード① **第一宇宙速度**

秒速7・9㎞は海抜0mのもので理論値。高度が上がると地球の周回に必要な速度は低下するため、人工衛星などはこれより遅い速度で周回している。

キーワード② **断熱圧縮**

熱の出入りを断った状態で空気が圧縮されると温度が上昇する現象のこと。マッハ20で再突入するスペースシャトルの表面温度は1400℃に達する。

結論

燃えないボールなら
どこまででも飛ばせる

第4話 体重が軽いほうが高くジャンプできる？

ジャンプする時に必要なエネルギー

バレーボールやバスケットボールなどの高さが重要な競技では、身長とともにジャンプ力が重要な要素になっています。ＮＢＡの選手などは、１００kgを超える体重（質量）なのに１００cm以上のジャンプをする選手もいます。

では、もっと質量が軽ければ、もっと高く跳ぶことができるのでしょうか。

人がある高さまでジャンプする時に必要なエネルギーは力学的エネルギー保存の法則（①）により、その人が最高到達点にいる時の位置エネルギーと等しくなります。よって、質量１００kgの人が１ｍの高さまでジャンプする時に必要なエネルギーは、質量（kg）×高さ（ｍ）×重力加速度（$9.8m/s^2$）＝９８０Ｊ（ジュール）となります。ただし、計算を簡単にするため、１ｍのジャンプは重心が１ｍ上昇するものとします。

このエネルギーが離陸時の運動エネルギーと等しくなるのです。運動エネルギーは、重量をｍ、速度をｖとした場合に **(1/2)mv²** ですので、(1/2)×100kg×v²＝980Jとなります。計算すると、離陸速度は秒速４・４ｍほどとなります。このスピードが、１００kgの人が１ｍジャンプする時に必要な速度です。逆にいえば、地面を蹴った直後にこの速度に達していれば、１ｍの高さまでジャンプすることが可能になるというわけです。

この時必要な力は、**仕事（②）**とエネルギーの関係から求められます。ある物体を動かす仕事は、**動かした距離と物体に加えた力（N：ニュートン）の積**となります。エネルギーは仕事と等価で、物体に仕事をしてエネルギーを与えることができるのです。ジャンプの場合、しゃがんだ姿勢から足を伸ばして重心を持ち上げる仕事をして身体に運動エネルギーを与えます。重心を仮に１ｍ持ち上げるとすると980J＝力×１ｍより、力は９８０Ｎ＝１００kgf（**重量キログラム（③）**）と見積もられます。これに常にかかる重力９８０Ｎを加えると、１９６０Ｎ＝２００kgfです。

一方、質量が50kgの人の場合、必要な速度は同じく秒速４・４ｍですが、必要なエネルギーは半分になり、９８０Ｎ＝１００kgfとなります。つまり、**質量が半分に**

なると半分のエネルギーで同じ高さに到達できるのです。

質量が半分ならジャンプの高さは3倍に!?

では、100kgの人と同じ力を持った人の質量が50kgだとすれば、その人はどのぐらいジャンプができるでしょうか。

この人の1960N＝200kgfの力のうち、490N＝50kgfは重力に逆らって重心を1m持ち上げるのに使われ、残りの1470N＝150kgfが加速に使われます。1470N×1m＝1470Jとなり、これは**3mの高さの位置エネルギーに相当します。つまり、3mの高さまでジャンプできることになるわけです。**

では、体重がもし重さの千分の一の100gだったらどうでしょう。この場合、仕事はほとんど加速に使われ、198mの高さまでジャンプできる計算になります。しかし現実には、質量の小さな人は筋肉も少ないので、質量の大きな人と同じ力で地面を蹴ることはできません。

キーワード① 力学的エネルギー保存の法則

物体の持つ運動エネルギーと、重力による位置エネルギーの和は、どのような状態にあっても常に一定であるという法則。

キーワード②　仕事

物理学でいう仕事とは、物体などに力を加えて動かすことで、仕事＝動かした距離×移動方向にかけた力で求められる。単位はＪ（ジュール）。

キーワード③　重量キログラム

1kgの質量が標準重力加速度のもとで受ける重力の大きさを1kgf（重量キログラム）という。1kgf＝9.8Nと変換することができる。

結論

軽いほうが高く跳べるがそれほど大きな差は出ない

第5話 赤道ならボクサーは減量いらず?

"遠心力"で何もしなくても減量が可能!?

一般的なダイエットと異なり、スポーツ選手が体重管理で行う減量は筋肉を落とさずに行わなくてはならないため、非常に過酷なものとなります。とくに代表的な例としてはボクシングが挙げられます。

最軽量のミニマム級からバンタム級までの5階級での体重差は、47・6〜53・5kgまでとたったの6kgほど。各選手とも体重ギリギリの階級のほうが有利になるため、試合前の計量の時にだけその階級になるように減量を行います。食事や水分を控えて汗をかくために走ったり、サウナに入るなど、常人には想像もつかない苦業をこなすのです。ボクサーが、苦労せずに体重を軽くする方法はないのでしょうか?

そこで、ボクサーが試合前に戦う相手、体重について考えてみましょう。**ここで議論する体重とは、質量×地球上での重力です。**質量kgではなく力kgf（重量キログラム）であることに注意してください。**この重力とは、惑星が表面の物体を引っ張る万有引力（①）ですが、惑星の自転による「遠心力」で一部が打ち消されます。**

この重力の見かけの強さは地球上どこでも同じではないのです。遠心力は回転軸から離れた場所ほど、回転速度が速くなるほど強くなる性質があります。最も回転軸から離れる赤道付近では、最も遠心力が強くなるため見かけの重力が弱く、そして北極や南極などの極点、つまり**地球の回転軸の近くでは、最も遠心力が弱くなるため見かけの重力が強くなります。**

この時、遠心力は**質量×地軸からの距離×自転の角速度の2乗**で求められます。これから北極と赤道でのそれぞれの重力の見かけの大きさを計算すると、赤道での重力は北極に比べて98・97%。つまりわずか1%ですが体重が軽くなる計算になります。しかし、53・5kgfのバンタム級の選手が535gf（重量グラム）だけ軽くなっても、苦労せずに減量というには値しませんね。

減量なしで体重を減らす方法がある!?

では、もっと遠心力を強めて重力を見かけの上で小さくすればどうでしょう。極端な話、地球の自転周期を**国際宇宙ステーション（②）**とほぼ同じ84分とすれば、体重は０kgfになります。

このように遠心力を強める方法なら例えば53・５kgfのバンタム級に、60kgfの選手が挑戦することもできるのではないでしょうか。**実際に計算してみると、体重60kgfの選手が６・５kg軽くなるためには現在の自転スピードの33%、つまり１日を８時間くらいにすればよいことになります。**

しかし、ここまでの議論には重大な欠陥があります。日常使われる体重計は体にかかる重力を量るので、この方法で体重を軽くできます。ですが、ボクシングの計量で使われる体重計は、おもりと体重を天秤で比べるものです。

見かけの重力を小さくしても体重と一緒におもりの重量も小さくなるので、測定値は自転を速くする前と変わらないのです。結局は、現在のように減量のうえで対戦するしかないという結論になりますが、それこそがボクシングの醍醐味といえるのかもしれませんね。

キーワード① **万有引力**

別名「ニュートン重力」。文字通り質量を持つすべての物質同士が引き合う力のこと。地上の物体からも地球を引っ張る力が働いている。

キーワード② **国際宇宙ステーション(ISS)**

世界各国が協力して運用する研究施設。地上から400㎞の上空を秒速7・7㎞、約90分で周回している。重力と遠心力がほぼ同じため、船内は無重量。

結論

1日の長さが約84分なら体重が0kgfに。しかし、ボクサーは減量が必要

第6話 自分より100kg重い相手に押し勝てる？

自分より重い相手にぶつかり合いで勝つ

　格闘技において、体格、体重の要素は非常に大きいものです。体重差が明確に結果の差となって表れるため、柔道やレスリングでは体重別に試合が組まれるほか、ボクシングではさらに細かく体重別の階級を定めています。柔道や相撲での理想を示した言葉に「柔能く剛を制す」というものがありますが、実際にはやはり体重で勝る側が有利です。

　しかし、格闘技のなかでも相撲は、体重や体格による区別はありません。200kgを超える**巨漢力士**（①）もいれば、100kgそこその軽量な力士も少なくありません。

　では、小柄な力士が100kgも重い相手に対して勝利するには、何かの技を用いるしかないのでしょうか。小兵力士が正面からのぶつかり合いで勝利できるかを考えてみましょう。ここから質量を使って議論します。

2つの物体がぶつかり合った時、どちらが「押し勝つ」かは、その物体の**運動量（②）**によって決まります。運動量は、**キログラムで量る質量と、メートル毎秒で測る速度の積**で求められます。**つまり体重が重い＝質量が重いと相手に対して運動量が上回りやすいため、ぶつかり合いで相手に勝てるというわけです**。そのため、質量で劣る側が相撲のぶつかり合いの運動量で上回るためには、立ち合いの速度を向上させるしかありません。

横綱のスピードを上回れば勝てる？

立ち合いの速度は、元横綱・白鵬の場合で秒速4m、白鵬に次ぐ連勝記録を持つ昭和の大横綱・千代の富士の場合で秒速3・9mといわれます。ただ、関取同士で考えると立ち合いのスピードに差が出にくいので、ここではスピードが秒速2mほどの一般的な運動能力の人で考えてみましょう。

あなたが質量60kgで、質量160kgの相手にぶつかり合いをするとします。双方が秒速2mでぶつかり合えば、あなたの運動量は120kgm/sとなり、相手の320

kgm/sに圧倒されます。そこで、**あなたが相手を上回るには、立ち合いの速度を秒速5・35mに上げる必要があります。そうすれば相手の運動量を1kgm/sだけ上回り、なんとか押し勝つことが可能でしょう。**

しかし、この速度は前述の大横綱たちのスピードを30%以上も上回る数値であり、かなりのトレーニングを積んだうえに、さらに助走をつける必要もありそうです。

では、横綱・白鵬に押し勝つにはどれほどのスピードが必要なのでしょうか？

前述の通り、立ち合い速度が秒速4mの白鵬は、質量が155kgあり、その運動量は620kgm/sです。それに対し、質量60kgのあなたが相手の運動量を1kgm/sだけでも上回るために必要な立ち合い速度は秒速10・35m。**これは白鵬の約2・5倍もの速度で、男子100m走のウサイン・ボルトが世界記録を出した時の平均速度に匹敵するスピードです。**

つまり、大横綱・白鵬に立ち合いで押し勝つには100m走の日本代表に選ばれるほどのスピードを身につけないといけないことになります。

キーワード①　巨漢力士

歴代最重量の関取は、ハワイ出身で高砂部屋に所属した六代目小錦八十吉。体重が最も重かった時で285kgだったとされる。最高位は大関で、1997年に現役を引退した後はタレントとして活動。

キーワード② 運動量

物体の運動量はその速度が速くなるほど、質量が大きくなるほど、大きくなる。速度（m/s）と質量（kg）を掛け合わせてkg・m/s（キログラムメートル毎秒）で表される。

結論

質量で劣っていたとしても速度差をつければ押し勝てる

第7話 フィギュアスケートで7回転ジャンプは可能？

年々増える回転技の限界は？

氷上で華麗な演技を見せるフィギュアスケートは、優雅さのなかに垣間見える高い身体能力が大きな魅力です。なかでも高く美しい回転ジャンプ技は最大の見所といってもいいでしょう。

フィギュアスケートにおける回転ジャンプの技術はまさに日進月歩。ひと昔前までは3回転でも凄い技とされていましたが、今や4回転技は当たり前で、5回転技が登場するのもそう遠くないといわれています。

では、物理学的にジャンプは何回転まで可能なのでしょうか。

フィギュアスケーターは、回転ジャンプを行う際に回転速度を上げるため、腕と足を回転軸に近づけます。この時、回転している物体の「回転の勢い」は、**角運動**

量（①）という物理量で測られます。角運動量は、**回転物体（重心）の回転軸（②）からの距離（例えばフィギュアスケーターの腕を伸ばしている長さ）と、物体の質量、そして回転速度の積**となります。

そして角運動量は、物体に外から回転を変えるような力が加わらない限り変化しないという物理法則があります。

同じ角運動量を持って回転している選手であれば、手を伸ばしているよりも折りたたんでいるほうが、回転速度が速くなるのです。スピン技を見ると、このことが理解しやすいでしょう。手や足を横に伸ばして回転している状態から、手足を体に引き付けたり、手を真上に伸ばしたりすると、急激に回転速度が速くなります。これが角運動量保存の法則です。

限界までジャンプすれば7回転は可能？

では、実際にフィギュアスケーターが4回転ジャンプをする際、どの程度の力で跳んでいるのでしょうか。両足で踏み切る、最も跳びやすいとされるトウループジャンプで検証しましょう。

4回転ジャンプの際に滞空時間0・77秒、高さ約73㎝のジャンプをしている選手がいるとします。この時の腕の重心と回転軸の間の距離はおよそ20㎝で、腕を折りたたんだ時の腕の厚みや肩幅から、この値を短くすることは困難なので固定値とします。

この選手のジャンプ能力と回転速度が10％向上して、滞空時間が0・85秒に延びると高さは80・3㎝、空中で4・47回転できる計算になり、ほぼ4回転半は可能ということになります。現在の4回転と同じ回転速度で5回転するには、高さ約110㎝のジャンプが必要ですが、技術と身体能力の向上を考慮すれば、5回転は現実的な範囲といえるでしょう。

この選手のジャンプの高さと回転速度がともに増していくと仮定すると、6回転なら110㎝、7回転ではおよそ130㎝、そして10回転はなんと180㎝のジャンプが必要という計算になります。

垂直跳びの世界記録がおよそ130㎝なのでさすがに10回転は無理ですが、助走があることを考えれば7回転は不可能ではないでしょう。選手の能力が向上し、かつ美しさや着地の成功を度外視するなら実現できそうです。

キーワード① **角運動量**

「回転の勢い」を示す物理量で、その大きさは、質量×回転速度×回転軸からの距離となる。回転する物体の角運動量は、外から力が加わらなければ、一定に保たれる。これを角運動量保存の法則という。

キーワード② **回転軸**

物体が回転運動を行う際にその中心となる直線のこと。角運動量保存の法則は、その回転軸の向きについても成り立つので、外から力が加わらなければ回転軸も変わらない。

結論 **身体的能力が向上すれば7回転までは可能に！**

第8話 棒高跳びで10mのビルを跳び越えられる？

棒高跳びのポイントはエネルギーの変換

棒高跳びの世界記録はスウェーデンのアーマンド・デュプランティス選手による6・21m（2023年現在）。これは日本における一般的な住宅の2階のひさしを軽く超える高さになります。では、棒高跳びで3階建てビルに相当する10mを跳ぶことはできるのでしょうか？

どうやったら**棒高跳びで高く**（①）跳べるのか？　その答えをトップアスリートに聞いてみると、助走のコツやポールの使い方などのテクニック、**ポールの種類**（②）、グラウンドのコンディションなどの状況、精神力や集中力などのメンタルな要素、といったさまざまな答えが返ってきそうです。

しかしここでは助走のスピードという物理的な要素に着目してみましょう。棒高跳びの様子を観察してみると、棒高跳びの動きは次のようになっていることがわかります。

●助走↓走ってきた勢いでポールをたわませる↓反発力を利用して跳ぶ

つまり棒高跳びの選手は、**助走によって得た運動エネルギーを、ポールの弾性エネルギーへと変換し、さらにこれを位置エネルギーへと変えて跳んでいるのです。**この理屈だと、助走のスピードが速くなればなるほど高く跳ぶことができるといえます。

どれくらいの速さで10mのビルに届く!?

エネルギー保存の法則（③）により物体、すなわち選手の身体が持つエネルギーは保存されます。したがって、**助走により得た運動エネルギーと、ポールが最もたわんだ時の弾性エネルギー、そして選手の身体が最高地点に達した時の位置エネルギーは等しくなります。**つまり、最高地点での位置エネルギーがわかれば、助走で必要な速度を算出することができるのです。

では、実際に計算をしてみましょう。

選手が最高到達点の高さ10mにいる時の位置エネルギーは、**質量mと重力加速度**

ギーは、助走速度をvとした時、**(1/2)mv²**となります。

弾性エネルギーは助走の運動エネルギーをすべて受け止め、そして位置エネルギーへと受け渡す、いわば橋渡し役。助走で必要な速度vを求めることが目標なので、ここでは省略して考えます。

前述の通り、位置エネルギーと運動エネルギーは等しいので、$mgh = (1/2)mv^2$となり、ここに地上での一般的な重力加速度$g = 9.8m/s^2$と、最高到達点の高さ$h = m$を入れると、速度$v = m/s$となります。**つまり、棒高跳びで10m跳ぶためには秒速14mの助走速度が必要とわかります**。

これを時速に直せば時速50・4㎞。100m走に例えれば、なんと7秒で駆け抜ける速さです。男子100m走の世界記録はウサイン・ボルト選手の9秒58なので、かなり難しいですよね。しかも、ポールを手にして走る棒高跳びではなおさら。もし実現できる選手が現れたら、棒高跳びはもちろん、間違いなく陸上のほかの種目の世界記録も塗り替えられるでしょう。

キーワード①　棒高跳びで高く

棒高跳びでは踏み切りの際、上ではなく前に跳ぶ力を利用してポールをたわませ、元に戻ろうとするポールの力を利用して上方へと跳び上がる。

キーワード②　ポールの種類

かつてのポールは木製で、記録も2～3m程度。その後、竹やグラスファイバー製など素材が進化して記録も劇的に向上した。

キーワード③　エネルギー保存の法則

物体が持つエネルギーは、その形を変えながら保存される。棒高跳びでは、速度による運動エネルギーがポールのたわみによる弾性エネルギー、選手の位置エネルギーへと形を変える。

結論

助走の速さで高さが決まる！
100mを7秒で走ればいい!?

単位表　ーその3ー

圧力／エネルギー・仕事・熱量／速度の単位換算は以下。

※太字は国際単位系(SI)ではない単位

■圧力の単位

小

単位名	記号	換算
パスカル	Pa	1Pa=1 N/m^2
ヘクトパスカル	hPa	1hPa=100Pa
ミリバール	mbar	1hPa=100Pa
キロパスカル	kPa	1kPa=10^{3}Pa
バール	**bar**	**1bar=10^{5}Pa**
標準大気圧(気圧)	**atm**	**1atm=101325Pa**
メガパスカル	MPa	1MPa=10^{6}Pa

大

■エネルギー・仕事・熱量の単位

少

単位名	記号	換算
電子ボルト	eV	1eV=e×1V=1.602×10^{-19}J
エルグ	erg	1erg=1 gcm^2/s^2=10^{-7}J
ジュール	J	1J=1Nm=1kgm^2/s^2
カロリー(熱力学)	**cal$_{th}$**	**1cal$_{th}$=4.184 J**
キロジュール	kJ	1kJ=10^{3}J
キロカロリー(熱力学)	**kcal$_{th}$**	**1kcal$_{th}$=4184 J**
メガジュール	MJ	1MJ=10^{6}J
キロワット時	**kWh**	**1kWh=1kW×h=3.6×10^6 J**
トン(TNT火薬)	**tTNT**	**1tTNT=1Gcal$_{th}$=4.184×10^9 J**

多

■速度の単位

遅

単位名	記号	換算
メートル毎時	**m/h**	**1m/h=1.67×10^{-2}m/min=278×10^{-4}m/s**
メートル毎分	**m/min**	**1m/min=1.67×10^{-2}m/s**
キロメートル毎時	**km/h**	**1km/h=0.278m/s**
ノット	**kn,kt**	**1kn=1852m/h=0.5144m/s**
メートル毎秒	m/s	
キロメートル毎分	**km/min**	**1km/min=16.7m/s**
マッハ	**Mach**	**Mach1=340m/s(20℃,空気中)**
キロメートル毎秒	**km/s**	**1km/s=10^{3}m/s**

速

Chapter
04

宇宙の話

天文学的という言葉があるように宇宙の分析はスケールが大きい。地球の常識では測れない、宇宙のロマンを物理学的に体感しよう。

第1話 月にジェットコースターをつくったらどうなる？

より高さのあるジェットコースターをつくるには

より高く、より速く、急加速したり、回転してみたり、宙がえりをしてみたり。ジェットコースターは人気の高いアトラクションですよね。好きな人は、よりスリルがあるものを求めて止みません。

しかし、際限なくより速さと高低差のあるスリリングなコースターをつくるわけにはいきません。速さと高さを増せばその分加速度も増すため、アトラクションに負荷がかかるからです。安全性を考えると十分な強度を持つ素材が必要になるため、地上ではどうしても限界があります。

では、現在あるアトラクションの建材でもっと高さを増やせる場所はないでしょうか？　その答えは夜空を見上げればありました。

地球から最も近い星「月」は、重力（①）が地球より小さいことが広く知られています。重力が小さくなれば重さが減るので、地球のものより高いジェットコースターをつくっても建材の強度は問題ありません。つまり、月なら地上より高さを増やしたり、距離を延ばしたりできるのです。

では、月の地表での重力は地球よりどのくらい小さいのでしょうか。

これは「すべての質量の間にお互い引きあう力が働く」という法則から求められます。月の質量と半径から計算すると、**月の重力は地球の約０・１６６倍で、１／６しかないことがわかります。**つまり、より高さがあるジェットコースターも実現できるということになります。

月のジェットコースターのスリル度は？

では手始めに、日本一の高低差97m、最大傾斜角68度、時速１５３㎞の最大速度を誇るナガシマスパーランドの「スチールドラゴン２０００」をそのまま月面に移築したとすると、どうなるのでしょうか？

これは、非常に残念な結果になります。というのも、**地球上では時速１５３㎞に達する性能があっても、月上では重力とともに重力加速度（②）が１／６となるた**

め、最高速度が時速62㎞程度しか出ないのです。

それでは、高さを地球上の6倍、つまり588mにするとどうでしょう。月面では重力が小さいので建築資材の強度的には建築可能なはずです。この高さは、東京スカイツリーが634m、第二天望台の高さが450mですから、その中間あたりから降下するイメージです。

確実に高さが増すため、高いところが苦手な人にとっては恐怖が増すでしょう。しかし、ジェットコースターのスリルとしては疑問があります。というのも、**最高速度時速153㎞に到達するまでに地球上の6倍の時間がかかってしまい、ゆっくりとした加速になるからです。**

ということで、怖いジェットコースターを求めるのであれば、重力が強い星にいったほうがよさそうです。太陽系だと木星の重力が地球の約2・4倍ですから、急加速、急減速が味わえます。

ただし、そのスリルを楽しむためには、同じだけ強くなる重力に耐えられるように、身体を十分に鍛えておかなくてはなりません。

キーワード①　重力

2個の質量（例えば惑星とその表面の物体）の間に働く引力。万有引力ともいう。物体に働く重力は、重力加速度と物体の質量をかけた値となる。

キーワード②　重力加速度

加速度とは単位時間あたりの速度の変化率。重力により発生する加速度を特に重力加速度と呼ぶ。地球上では約9.8m/s^2。どこでも同じではなく、高度や自転の影響などを受け、最大0.7%程度の差異がある。

結論

月面のジェットコースターは高さは増してもスリルがない

第2話 月や太陽が今の2倍離れていたら？

月の影響で地球の自転速度が変わっている？

地球から月までの距離は約38万km。一方、地球から太陽までの距離は約1億5000万km。どちらも地球の環境に大きな影響を及ぼす距離ですが、この距離感も絶妙だといわれます。では、もし月や太陽までの距離が今の2倍だったとしたら、地球はどのように変わってしまうのでしょうか？

まず、月の距離が2倍だった時のことから考えてみましょう。

月は地球の周りを回っていますが、月の重力の影響で地球では毎日ほぼ2回ずつ海水面の高さが上がったり下がったりします。これを潮汐（潮の満ち引き）といい、潮汐を引き起こす力を**潮汐力**（①）と呼びます。

この潮汐力によって、地球は月の方向に引き伸ばされます。地球には海があるの

で、海面が月の方向に引き伸ばされることで海水が盛り上がり、潮の満ち引きが起こるのです。

また、地球と太陽の間にも潮汐力が働いています。月と太陽の潮汐力が合わさった新月と満月の時期には、干満の差が最も大きい大潮になります。

なお、同時に働く潮汐力ですが、月の潮汐力のほうがより大きく地球へ影響を及ぼします。これは、重力が距離の2乗に反比例するのに対し、潮汐力は**距離の3乗**に反比例するからです。

つまり、太陽のほうが月よりもずっと重力は大きいですが、距離ははるかに遠いので、月のほうが地球へ及ぼす影響が大きくなるということです。

そして月の潮汐力の重要な影響がもう1つあります。それは、**月の潮汐力で引き伸ばされ、ゆがむことでブレーキがかけられて、地球の自転がわずかずつですが遅くなっているということです。**

もし、月までの距離が今の2倍だったら、潮汐力は1／8になるので、現時点での地球の自転速度はもっと速かったはずです。つまり、1日は今の24時間より短くなっていたのです。

凍りついた地球！　人類は存在しない！

では、太陽が2倍の距離にあったら、どうなるでしょう。

太陽から地球までの距離（**約1億5000万㎞**）を天文学では1天文単位（1AU）といいます。太陽から火星までの距離が約1・5天文単位で、木星までが5天文単位です。

そして、現在の地球のように、恒星からの距離がちょうどよく、惑星などの表面に水が存在して、生命が存在可能な領域を**ハビタブルゾーン**（②）といいます。

もし、太陽—地球間の距離が2倍だったとすれば、火星と木星の間に位置していることになります。この位置に地球があると何が起きるかといえば、日照量の低下です。**太陽からの日射量は距離の2乗に反比例するので、日射量が現在の1／4しか降り注がないことになり、太陽エネルギーも激減してしまいます**。

もし、太陽までの距離が現在の2倍になったとしたら、地球は太陽のハビタブルゾーンから外れてしまいます。そうすると、火星のように凍りつき、人類はおろか地球上の多くの生命体は絶滅してしまうのです。

キーワード①　潮汐力

月が地球に潮の満ち引き（潮汐）を起こす力。起潮力ともいう。潮汐は月に近い部分と遠い部分では、月の重力の大きさが違うことから起こる。

キーワード②　ハビタブルゾーン

宇宙における、生命の生存に適した領域のこと。具体的には、惑星や衛星などの表面が、水が液体で存在する温度である領域。太陽系でハビタブルゾーンにあるのは地球だけ。

結論

1日はもっと短くなっていた。そして海は凍りついていた

第3話 ロケットの窓から見える景色は？

亜光速で飛行するロケットからは「星虹」が見える

ＳＦ映画のように光速に近いスピード（亜光速）で飛行するロケットで宇宙旅行ができたら、というのはだれもが一度は考えますよね。その窓から星々を眺めたとしたら、外はどう見えるのでしょうか？

高速走行中の車から見る景色のように、星が矢のように後ろに流れていくように想像しますよね。ところが、これをコンピュータでシミュレートしてみると、**亜光速で移動するロケットからは、進行方向を中心としたリング状の星の虹が見えるというのです。この星の虹をレインボウ（虹）ではなく「スターボウ（星虹）」と呼びます。**

なぜこのスターボウが見えるのかというと、それは2つの現象、「**光行差（①）**」

と「ドップラー効果」が重なり合った結果なのです。それでは、リング状の星の虹が見える理由を1つずつひもといていきましょう。

まず光行差とは、**天体を観測する際に観測者が移動していると、天体の位置が見かけ上移動方向にずれて見える**ことを指します。

例えば、雨のなかを自動車で移動していると、垂直に降っている雨が斜めに降っているように見えますよね。しかし、雨のなか立ち止まっている人には、雨は垂直に降っているように見えます。このように、観測者が前方に向かって移動すると、景色が前方に集まってくるのが光行差なのです。観測者が移動しているかいないかで、見える景色が違ってくるのですね。

宇宙空間を飛行している場合は、どうなるでしょう。車をロケット、雨を星からの光と置き換えて想像してみてください。**亜光速（ほとんど光速に近い速さ）で宇宙空間を移動した場合、横からやってくる星の光が前方に集まって見えてくるのです。**

周りの星の光が前方に見えることは光行差で説明できました。では、その光が虹のようになるのはなぜでしょうか？

ドップラー効果で星の光が虹のようになる

星の光が虹のように見えるのは、ドップラー効果によるものです。救急車の音が近づいてくるにつれてだんだんと高くなり、遠ざかるにつれて徐々に低くなる音のドップラー効果が有名ですね。

この現象は、**音の波長が短くなったり長く伸ばされたりすることで起きるものですが、光も波であるため同じことが起こるのです**。遠ざかっていく星の光はドップラー効果で波長が引き伸ばされ、もともと黄色の光なら赤っぽく見えます。これを「**赤方偏移（②）**」といいます。同じように近づいてくる星の黄色の光は、波長が短くなって青っぽく見えます。これを「青方偏移」といいます。

宇宙を亜光速で飛行しているロケットに届く光にも同じことが起こり、星の色が変化して見えることになります。**遠ざかる黄色の星の光は赤く、そして近づく黄色の星の色は青く、その中間は虹のように中間色が並ぶのです**。

前方に同心円状に収束した星々の光は、もしも黄色の星が多ければ中心近くは波長が最も短い紫外線、そして外側に向かって波長が短い順に紫、藍、青、緑、黄、橙、赤といった色が並ぶと考えられています。

キーワード①　光行差

地球が運動しているため、地球から観測した恒星の位置がずれて見える現象。イギリスの天文学者ジェームス・ブラッドリーが発見した。

キーワード②　赤方偏移

遠ざかる天体から来る光の波長が長くなる現象。宇宙の膨張により遠くの天体ほど高速で地球から遠ざかるため、赤方偏移の大きさからその天体までの距離を測定できる。

結論

亜光速で飛ぶロケットからはスターボウ(星の虹)が見える！

第4話 宇宙で体重を量ることはできる？

無重力の宇宙空間では体重が0kg？

「宇宙空間＝無重力だから重さがない」と思っている人は多いと思います。ですが、月や火星などの惑星表面、または地球の周囲を回る宇宙ステーションのなかなど「ところ変われば重力も変わる」というのをご存知でしょうか。それぞれ重力が異なる星や場所で体重を量ると、地上で60kgf（重量キログラム）の人は月面では10kgf、火星だと20kgfになるのです。そして、**無重量（①）**の宇宙ステーションでは、普通の体重計で量っても体重計の針はゼロを指すだけなのです。

とはいえ、長期間宇宙滞在をする宇宙飛行士にとっては健康管理のために身体の質量を測ることは重要です。では、無重量の宇宙ステーションのなかでは、どうやって質量を測っているのでしょうか？

まずはその話をする前に、質量と重さの関係について理解が必要です。物体の重さ（重量）とは、物体に作用する重力の大きさのことです。**重さは力であり、重量キログラム（kgf）やニュートン（N）を単位として量られます。この時、物体に働く重力は、質量（②）×重力加速度で表されます。**

これは、地球上であれば、質量と地球の重力加速度**9.8m/s^2**の積で、質量60kgの物体の重さは588N（＝60kgf）と表されます。月であれば、重力加速度は**1.65m/s^2**なので、重さは99N（＝10kgf）となります。

では、普段の生活で意識しない「質量」とは何のことなのでしょうか？

これは、物体そのものが持っている値のことであり、宇宙空間でも、重力が地球の1／6しかない月面でも値は変わりません。

宇宙飛行士は「質量」を測っている

質量は、物質の動きにくさの度合い（慣性の大きさ）であり、質量＝力／加速度として求めることができます。これは、例えば無重量の空間で、「巨大なゾウを押してみた」と仮定して考えるとわかりやすくなります。

無重量の空間ではゾウの体重も当然ゼロですが、ゾウは質量が大きいのでちょっとやそっと力を加えても、ほとんど加速しません。この時、先程の式に押した力と加速度を当てはめると、ゾウの質量が測れます。

では、実際に無重量である国際宇宙ステーション（ＩＳＳ）のなかで、宇宙飛行士の「質量」を測るのは、どんな方法なのでしょうか。

国際宇宙ステーションでは、宇宙飛行士の身体の「動かしにくさの度合い」を測るために、バネつきの板のついた質量計が使われています。

バネに質量を取りつけ、伸ばすか縮めるかして放すと、バネは伸び縮みを繰り返して振動します。この振動周期は質量とバネ定数によって決まるので、その周期から質量を計算できるのです。

ほかにも、日本の研究グループがバネの代わりにゴムひもを使って質量を計測したこともあります。

宇宙、とくに無重力空間での「体重」は、地球で使われる体重計で量ることはできませんが、それに代わる方法で測ることはできるのです。

キーワード① 無重量

宇宙ステーションは地上から４００㎞上空を飛行しているが、ほぼ地上と同じ重力を受けている。なかが無重量になるのは、遠心力と重力が釣り合っているため。

キーワード②　質量

物体の量を表す量。質量が大きいものほど、その運動を変化させにくい。単位はkg（キログラム）。重さとは、物体に作用する重力の大きさなので、重力の異なる場所で量るとその値も違ってくる。

結論

無重量状態では重さはゼロだがバネで質量を計測できる

第5話 宇宙の寒さは再現できる？

宇宙の温度は「ビッグバンの証」

太陽が出ていない夜や日照時間が短くなる冬は、気温が低くなります。このことから、太陽光が届かないところは、とてつもなく寒いことがわかります。実際、国際宇宙ステーションの表面の温度は、太陽光が当たっていないと**マイナス100℃**以下になります。

それでは、太陽光がまったく届かない空間は、一体どのぐらい寒いのでしょうか？　その正解は**絶対温度**（①）で表すと3K（ケルビン）。摂氏でいうとマイナス270℃です。**太陽光をはじめ物質を温める電磁波が届かない空間では、温度の下限である絶対零度（摂氏マイナス273・15℃＝0K）になる気がするかもしれませんが、それよりも3Kだけ温かいのです。**

この温度は１９６５年、アメリカのベル研究所の研究者ペンジアスとウィルソンによって発見されました。彼らは、人工衛星との交信の研究をしているうちに、宇宙のあらゆる方向から電波（マイクロ波）がやってくるのに気づきました。それは３Ｋの温度の物質が放つ電波と同じものでした。ここから宇宙は３Ｋの電波で満ちており、宇宙の温度が３Ｋだということがわかったのです。この電波を「宇宙マイクロ波背景放射」といいます。

宇宙マイクロ波背景放射は、宇宙誕生のきっかけとなったビッグバンの証拠でもあります。

誕生直後の宇宙は、非常に超高温・超高密度の陽子と電子が分離したプラズマ状態で、光は荷電粒子に邪魔されてまっすぐ進むことができませんでした。そこから約38万年後、宇宙の温度が３０００℃くらいまで下がると、大部分の電子と陽子が結びついてプラズマ状態が解消されました。宇宙は透明になり、光の行く手を阻むものがなくなったのです。この時、**直進できるようになった光がドップラー効果で引き伸ばされたのが、宇宙マイクロ波背景放射**。この時の光で、宇宙空間は満ちているのです。

何度まで冷やすことができる？　低温の記録

宇宙の温度はマイナス270℃であることがわかりましたが、この温度は地球上で再現することはできるのでしょうか？

低い温度を実現する低温研究は、1861年にジュールとトムソンによる発見によって、急激に進みました。

彼らは、圧縮された気体を細孔からゆっくりと噴出させた際に、気体の温度が上昇したり下降したりすることを実験によって確認。これは、ジュール＝トムソン効果と呼ばれ、常温では気体の物質を冷やして液体にする、液化に応用されています。そして、1908年にこの技術を元にして、**カマリン・オンネス（②）**はヘリウムの液化に成功。ヘリウムが液化する温度は0・9Kで、宇宙の温度である3Kよりも低いのです。

現在では、**レーザーや磁場を用いて原子を捕まえ熱エネルギーを取り去る技術によって、1／10億K以下の低温が実現しています**。特定の金属や化合物などを非常に低い温度に冷却した時、電気抵抗がなくなる**超伝導（③）**の研究をはじめ、冷却技術は私たちの生活を豊かなものにしてくれています。

キーワード①　絶対温度

理論上、物質の原子や分子の熱振動が止まる温度を０Ｋ（絶対零度）とした温度。分子や原子の運動が止まるので、これより低い温度は存在しないことになる。

キーワード②　カマリン・オンネス

オランダの物理学者。１９０８年、冷却機と３重構造の魔法瓶を使って０・９Ｋという低温を達成し、初めてヘリウムを液化することに成功した。

キーワード③　超伝導

電気抵抗があると電力の一部が熱に変わってしまうが、超伝導は抵抗がないので電気エネルギーの損失がない。

結論

宇宙の温度はマイナス２７０℃。これ以下の低温が実験室で実現可能

第6話 人工衛星で皆既日食をつくれる？

熱が溜まりすぎるなら、太陽光を減らせばいい!?

「地球は年々暑くなっている」といわれ、例年、最高気温の更新が問題視されています。温暖化が引き起こす異常気象の対策として、原因となっているCO_2の排出を世界中で協力して減らせばいいのですが、なかなかうまくいっていません。

しかし、CO_2はあくまで保温作用が高まる原因でしかありません。唯一のエネルギー供給源は太陽です。**大規模な噴火による火山灰で日光が遮られて、一時的に気温が低下する現象から考えるなら、太陽光の量を減らせば温暖化を止められるはずです。**そこで、地球を日陰に入れるための巨大な日傘をつくるのはどうでしょうか？

ということで、傘として太陽と地球の間に日よけ専用の人工衛星「ひがさ1号」を設置することにしましょう。**これで皆既日食（①）をつくれば、2016年の皆**

既日食でも観測されたように、冷たい風が吹いて気温を下げる効果も期待できそうです。

まずは人工衛星の高度ですが、太陽―衛星軌道―地球の位置関係を一定に保つことができる、高度800㎞で常に太陽に対し同じ軌道となる太陽同期軌道を使いましょう。

次に大きさです。皆既日食は太陽と月の見かけ上の大きさが一致することで発生します。地上800㎞の太陽同期軌道上で月と同じ見た目の大きさにするために必要な人工衛星の半径は、太陽の**視直径（②）**を**0・53度**とした時、約4㎞と計算できます。国際宇宙ステーションの大きさが約100mなのでその70倍ほどです。**太陽同期軌道にあるこの衛星がパネルを開いて見かけの大きさが太陽と同じになる時、人工皆既日食のできあがりとなるはずです。**

こうして人工衛星「ひがさ1号」が無事に周回軌道に到達し、日傘となるパネルを十分に開き終わった時、地上はどんな様子でしょうか？

最初のイベント「パネル展開作業」は全世界同時生中継となるでしょう。これまで月でしか遮ることができなかった天空の王者「太陽」が徐々にその姿を隠し、白いコロナを吹き上げる漆黒の天体に変わるのですから！

光源が遠すぎて太陽光は平行に届く

しかし、ここで残念なことがあります。この日傘では、皆既日食はつくれず、そのため冷たい風による気温の低下は期待できないのです。その最大の理由は、太陽の圧倒的な大きさと、その光の地上への届き方にありました。

太陽光は放射状に出ていますが、距離が遠いため地上には限りなく平行な光線として届きます。そのため、衛星でできるのは半径4㎞の衛星と同じ大きさの日陰で、地球の**半径6371㎞**と比べると誤差みたいなもの。月のように広範囲に太陽光を防ぐための衛星であれば、必要な半径rは、月の半径と同じ1700㎞になります。

これでは、大きすぎて宇宙に運ぶことも、宇宙空間に設置することも困難といわざるを得ませんね。

キーワード① 皆既日食

天体が別の天体に隠されることを食という。太陽が月に隠されることを日食といい、太陽が完全に隠れる日食を皆既日食と呼ぶ。実際のところ、太陽の直径は月の400倍あるが、地球との距離が400倍離れているため、両者は地上からはほぼ同じ大きさに見える。

キーワード② **視直径**

はるか彼方にある天体の「見かけ上の大きさ」。天体の半径（r）に対して、天体までの距離（a）が十分に大きい場合、2r/a（ラジアン）で近似できる。360/（2π）をかければ「度」に変換できる。

結論

月と同じ半径の衛星をつくらないと皆既日食はつくれない

第7話 地球の自転を止めるとどうなる？

その瞬間、猛烈な風が吹き荒れる

太陽や星が動いて昼と夜が訪れるのは、地球が自転しているからということはよく知られていますね。この地球の自転が止まってしまったら、何が起こるのでしょうか？

巨大な障害物に当たって止まるのか、電磁気的な力（地球の成分の多くは電磁気の影響を受ける鉄）でブレーキをかけられるのか、止まり方によっても答えは違ってきますが、とりあえず地球の地殻から核までが、突然停止したと仮定します。

例えば、車に乗っていて車が急に減速すると、身体が前に投げ出されるように感じることがありますよね。これは、運動している物体や静止している物体にはその状態を保とうとするという、**慣性の法則（①）**が働いているからです。地球が急に自転を止める時、建物など地面に固定されているものも仮に一緒に停止したとしても、**固定されていないものはすべて、この慣性の法則に従い、自転と同じ速さで自転方向に向かってものすごい勢いで飛び出していきます**。

地表に固定されていない物体はたくさんありますが、その1つは空気です。**地球が停止した瞬間、自転と同じ風速の強い風が吹く**でしょう。その風速は、赤道付近では時速1700kmにも及ぶと考えられています。海水も同様に固定されていないため、**自転が止まると超音速の津波が地球の表面を洗い流すことになる**でしょう。

地球の自転による運動エネルギーとは

空気や海水に働く慣性の法則の次に、自転する地球が持つエネルギーについて考察してみましょう。

自転している地球は、回転運動エネルギーを持っています。

自転の運動エネルギーEは、地球の**慣性モーメント**（②）と回転角速度で計算すると、$E=2.6\times10^{24}$Jとなります。地球の自転は1日に1回転というゆっくりしたものですが、このように実はとても大きな運動エネルギーを秘めているのです。

このエネルギーが熱に変わったとしてみましょう。自動車がブレーキをかけると運動エネルギーが熱に変わってブレーキが熱くなるように、自転のエネルギーもこれと似た現象を起こすと考えられます。

この時、**地球全体がカンラン石の鉱物の塊だと仮定し、それらが1℃上昇させるのに必要なエネルギーからどれだけ温度が上昇するかを計算すると、数十℃〜数百℃も上がってしまうことがわかります。**

また、地球の表面ほど自転による速度は大きく、表面のほうがより大きな熱エネルギーを受け取ります。**その時の地球の表面の温度上昇は、数千℃にも達するのです。**

これはつまり、地球の自転が止まると、地上のすべてのものは溶けて液体になってしまうと考えていいでしょう。

キーワード①　慣性の法則

運動の三法則の1つ。外からの力が加わらない限り、静止している物体は静止し続け、運動している物体は等速直線運動を続ける。物体が同じ運動（静止）状態を保つ性質を慣性と呼ぶ。

キーワード②　**慣性モーメント**

物体の回転しやすさ（止まりにくさ）を表す量。慣性モーメントに回転の角速度をかけると角運動量になる。慣性モーメントの大きな物体は回転しにくく、回転している場合は止まりにくい。

結論　**慣性と自転の回転エネルギーがすべてを破壊する**

第8話

太陽の炎は水で消せる?

太陽の炎は、木や紙の燃焼とは異なる

メラメラと照りつける太陽。猛暑日が続く連日うだるような夏の暑い日には、「もし太陽の炎を一瞬でも消せたなら、涼しくなるのに」なんてことを、まじめに考えたことがある人も多いのではないでしょうか? 「太陽の熱がなくなったら、地球の気候が狂って人類が滅亡してしまう」というツッコミはさておいて、そんなことが実現可能か検討してみましょう。

まず、最初のポイントとなるのが、太陽の炎を消す方法です。地球で木や紙を燃やした時、消火するためには水をかけるのが一般的でしょう。しかし、**太陽の炎を水で消すのは賢い手段とはいえません。水が、太陽が燃えるための燃料になってしまうかもしれないからです。**

有機物などが酸素と結びついて起こる燃焼と、太陽が燃える仕組みは根本的に異なります。太陽は4個の水素原子核が結びつき、ヘリウムの原子核に変わる「**水素核融合反応（①）**」によって燃えているのです。地球の約33万倍の質量を持つ太陽の中心部には地球上とは比べ物にならない重力がかかり、高密度になります。加えて中心の温度は約1600万℃。この高温高密度の条件下では、原子の間に働く**クーロン力（②）**に打ち勝つ速度で原子核が衝突し、水素原子核同士が融合するのです。さらに何回かの核融合を経て、**水素原子核はヘリウムの原子核となり、この過程でエネルギーが発生します**。ひとつひとつの反応がつくり出すエネルギーは小さいのですが、太陽の質量は膨大です。大量の水素が反応することによって生じる太陽のエネルギーは、大きな破壊力を持つTNT火薬に換算して、1秒あたり9・1 $\times 10^{16}$ トン分にもなるのです。

一方、太陽の炎を消火するのに使う水は、2つの水素原子と1つの酸素原子からできているうえ、太陽に近づくと高温によって水素と酸素に分解されてしまうと考えられるのです。

つまり、**太陽に水をかけるということは、火に油を注ぐようなもの**。水素核融合を起こしている太陽にとっては、水は燃料になるのですね。

何もしなくてもいずれ消える

水では消すことができない太陽ですが、**1つだけ確実に太陽の炎を消す方法があります。それはただ時間がすぎるのを待つことです。**

太陽のエネルギーの源である水素核融合反応は、燃料となる水素がなくなると終わります。その後はヘリウム原子核が核融合する反応が起きますが、これは比較的短い期間で燃料を使い果たします。現在の**恒星進化論（③）**では、中心部の燃料は今から約50億年後になくなるといわれています。その後は核融合反応を起こす燃料を持たない白色矮星（はくしょくわいせい）になります。

白色矮星は核融合反応を起こさないにもかかわらず、表面温度は1万K（ケルビン）程度と高温です。ちなみに、今の太陽の表面温度は**6000K**です。**白色矮星が冷えるには、数十億年の時間がかかると考えられています。**太陽の炎を消すには、気が遠くなるほどの年月を待つ必要がありそうです。

キーワード①　水素核融合反応

ヘリウムが1つできる時のエネルギー量はせいぜい 4.3×10^{-12}J程度。膨大な数の水素が結合し、大きなエネルギーとなる。

キーワード② **クーロン力**

2つの電気を帯びた物体の間に働く力のこと。水素が核融合するためには、2つの水素原子核、つまり陽子が結合しなければならないが、陽子同士には反発する力が働く。

キーワード③ **恒星進化論**

天体物理学にもとづく、恒星の一生についての理論。恒星の温度、寿命、最後に爆発するかどうかなどを研究する。

結論 **太陽の炎は水では消せない。燃え尽きるまで待とう!**

第9話 星の爆発は止められる？

超新星は大質量星の最期の姿

科学技術が発達して、宇宙旅行が可能になったとします。広大な宇宙を旅するのは楽しそうですが、実は宇宙は危険がいっぱいなのです。そのなかでも気をつけないといけないのが、**超新星爆発**（①）。宇宙船ごと木っ端微塵にならないためにも、超新星爆発を止める方法がないか検討してみましょう。

超新星爆発には、大きく分けて「**核爆発型超新星**（②）」と「重力崩壊型超新星」があります。どちらも太陽よりも重い恒星が起こす爆発です。核爆発型超新星は炭素の核融合による爆発なので、炭素の核融合をコントロールする技術が開発されれば、解決できるかもしれません。**やっかいなのは、重力の収縮によって起こる、重力崩壊型超新星です。**

一般的な恒星は、中心部で水素がヘリウムに変わる核融合反応が起こっています。しかし、燃料である中心部の水素がすべてヘリウムに変わってしまうと、今度はヘリウムが炭素に変わる反応が起こります。このような燃料の交代が繰り返され、星の内部では次々と重い元素がつくられていきます。最終的に星の中心部で鉄がつくられるようになると、鉄は安定的な物質であるため、それ以上核融合反応が進まなくなります。

核融合している間は熱エネルギーが生じ、そのために潰れなかったのですが、**燃料が燃え尽きると熱の発生がなくなり、自身の重力の影響をもろに受けます**。この時恒星の中心部は、電子の**縮退圧**（③）によって支えられている状態で、重力と外層の圧力で押し潰されそうになっています。

星の中心が重力崩壊を起こす

鉄のコアの質量が**太陽の質量の1・4倍**を超えると、電子の縮退圧では自らを支えることができなくなり、核が重力崩壊を起こして潰れます。

恒星の中心部にある、太陽よりも質量の大きな鉄の塊は、一瞬のうちに潰れ、ほとんど中性子からなる小さな物体「中性子星」に変化します。鉄の原子核は光と熱を吸収してヘリウム原子核と中性子（とニュートリノ）に分解してしまいます。これを「鉄の光分解」と呼びます。

星の核が中性子星になる際、膨大なエネルギーが生じ、外層部は逆に外へ弾き飛ばされます。星のほとんどが宇宙空間に吹き飛び、熱やニュートリノを放射します。こうしてほんの数秒のうちに、星は崩壊してしまいます。これが重力崩壊型超新星爆発です。

あとに残った中性子星は、質量が太陽の１・４倍程度、半径が数キロメートルの、きわめて高密度の異常な物体です。質量が大きな場合は、さらに潰れてブラックホールに変化します。

もし、科学技術が発達して、**反重力を生み出して恒星の崩壊を止める装置ができれば、大爆発を止められるかもしれません**。しかし残念ながら、重力に逆らう性質を持った物質はしばらく見つかりそうにありません。また、太陽より大きい恒星に反重力の力を作用させることは難しいはず。重力崩壊型超新星爆発の兆候を察知したら近づかないのが賢明でしょう。

キーワード① **超新星爆発**

突然、星が明るく輝き始め、その後、時間が経つにつれてしだいに暗くなっていく。新しい星が生まれたように見えるため、超新星と呼ばれた。

キーワード② **核爆発型超新星**

連星系をなしている白色矮星に伴星からガスが降り積もって、しだいに質量が増えていき、中心部が高温になって炭素核融合が起こるのが原因。

キーワード③ **縮退圧**

電子、陽子、中性子などをフェルミ粒子といい、ある1つの状態には1つの粒子しか存在できないという性質を持つ。その性質に由来する圧力を縮退圧という。

結論 **大質量星が最期を迎える時の超新星爆発は止められない**

第10話 ダークマターを体感することはできる？

宇宙には見えない物質が存在している

物理学の発展により宇宙空間における物理法則が明らかになってくると、研究者は不思議な事実に気がつくようになりました。目に見える物質だけでは、宇宙の物理現象が説明できない場面に出くわすようになったのです。

例えば、楕円状の形をした銀河の一種である渦巻銀河。その**ディスク**（①）に属する恒星やガス雲は、銀河全体の重力によって引かれ、結果として銀河中心を周回しています。したがって、恒星やガス雲の周回速度を測定すれば、銀河全体の重力を測定でき、ここから銀河全体の質量が求められるはずです。

しかし実際に観測してみると、こうして重力から求めた銀河全体の質量は、恒星やガス雲などの目に見える物質の質量の合計よりもずっと大きいことがわかったのです。

目に見える物質だけでは物理現象が成り立たないということから、**科学者たちは「目に見えない物質」が存在すると仮説を立てました**。そして、その物質は、光（電磁波）で観測できないことから「ダークマター（暗黒物質）」と呼ばれています。

先程触れた渦巻銀河のなかには、ダークマターが存在しているのですね。ダークマターの存在は、非常に質量の大きい物質があると、その重力によって光が曲げられる**「重力レンズ効果」（②）**が何もないように見える部分から観測されるなど、渦巻銀河以外の観測結果からも確認されています。その結果、ダークマターは私たちがよく知っている目に見える物質の5～6倍も存在していることがわかっています。

ダークマターを検出するには

ダークマターには、次のような性質があります。
①光（電磁波）で観測できないので電荷を持っていない（電気的に中性）。
②質量を持っている。
③寿命が長く、宇宙初期から現在まで存在し続けている。
このような物質は、私たちが知っている素粒子では説明できません。そこでダー

クマターの正体を、未発見の素粒子である「弱い相互作用をする重さのある粒子(Weakly Interacting Massive Particle : WIMP)」と仮定し、検出しようとする研究が行われています。

ダークマターは物質を通り抜けてしまいますが、極まれに原子と衝突して、わずかに光や熱を発する可能性があります。東京大学宇宙線研究所が岐阜県の神岡鉱山の地下で行っている「XMASS実験」では、**液体キセノンの原子核にダークマターが衝突した時に出る光を観測し、ダークマターを検出しようとしています。**また、5億光年先にある銀河のペアの画像を2万3000枚撮影し、それを合成して「重力レンズ」の影響を解析することで、ダークマターの存在を可視化した研究もあります。

2017年現在、確実なダークマター検出の例はありませんが、目に見えない不思議な物質の将来的な解明に、人類は少しずつ近づいています。

キーワード①　ディスク

銀河のなかで、星が円盤状に分布し、円盤面に渦状腕と呼ばれる渦巻状の構造を持つ銀河を渦巻銀河といい、その円盤部をディスクという。

キーワード②　重力レンズ効果

巨大な質量を持つ天体が、その重力によって光の進路を曲げ、レンズのような働きをする現象。重力レンズによって、非常に遠くにある天体が拡大されたり、複数に見えたりする。

結論

現時点では体感不可能だが、将来その正体が明らかになるかも

第11話 宇宙をつくり出すことってできる？

宇宙はもともと1つじゃない？

宇宙が誕生した直後、**インフレーション**（①）の後にビッグバンが起こり、宇宙は現在の姿になったと考えられています。では、インフレーション理論で提唱されているような強いエネルギーを生み出せば、新たに宇宙をつくり出すことができるのでしょうか？　残念ながら、今のところ宇宙をつくり出すことは難しいといえます。宇宙の始まりは、今の宇宙のすべての物質やエネルギーが1点に集まっている状態でした。その状態が再現できないと、ビッグバンのエネルギーだけ生み出しても新たな宇宙は誕生しないのです。

しかし、**わざわざ新たに生み出さなくても、実は「宇宙は無数に存在している」と考える学説があります。**

そもそも、1つしかない宇宙で、たまたま好条件が積み重なって人類という知的生命体が誕生したと考えるのは、都合が良すぎではないでしょうか？ 宇宙が誕生した時の「**真空のエネルギー**（②）」が大きすぎたら、宇宙が膨張するスピードが速すぎて、星や銀河、ひいては生命がつくられることはなかったでしょう。また、素粒子の質量や寿命が異なる宇宙だったら、原子や複雑な分子がつくれず、やはり生命は誕生しなかったでしょう。このような条件を満たして、知的生命体が宇宙に存在する確率は、一説には10の1230乗分の1ともいわれています。

しかし、もし宇宙は10の1230乗個以上あって、そのなかで知的生命体が生まれた数少ない宇宙が、私たちがいる宇宙なのだと考えるとどうでしょう？ **たった1つの宇宙で奇跡が起こったと考えるよりも、よっぽど自然に思えます**。

このような考えを元にして、物理学の世界では、1970年代以降「宇宙は私たちが存在する宇宙だけでなく、無数の別の宇宙があるのではないか」という議論がなされました。「宇宙」を意味する「ユニバース」という言葉は、ラテン語の「ユニ（1つ）」＋「バース（回転）」を意味していますが、ユニバースに対し、たくさんある宇宙を「**マルチバース（多元宇宙）**（③）」といいます。

子宇宙・孫宇宙が生まれる！

では、一体どのようにして、人類が観測してきたのとは別の宇宙が生まれるのでしょうか？　**そのカギは冒頭にも触れた「インフレーション」にあります。**

インフレーション直後の宇宙には、エネルギーが高い部分と低い部分が「ムラ」のようになっていたとされています。そして、エネルギーの高い部分はさらにインフレーションを起こし、こぶのように膨張を始め、別の宇宙へと成長していきます。

ムラになっている**エネルギーの高い部分から誕生した宇宙を「子宇宙（チャイルドユニバース）」といいます。**さらに子宇宙からは、孫宇宙、ひ孫宇宙…と無数の宇宙が生まれていきます。

そして、**親宇宙とつながっていた部分はやがて切れてしまって、それぞれが独立した宇宙になっていったと考えられるのです。**

キーワード①　インフレーション

誕生直後、宇宙は急激に膨張した。これをインフレーションという。インフレーションはビッグバンよりはるかに急激で、直径 10^{-34} ㎝で原子核よりも小さかった宇宙は、

10^{-36}秒後～10^{-34}秒後には直径1㎝以上になっていたと考えられている。

キーワード②　真空のエネルギー

真空中では、物質と反物質が生まれてはぶつかって消えていくことを繰り返し、エネルギーが変化する。このエネルギーの変化を元にインフレーション理論は形成された。

キーワード③　マルチバース（多元宇宙）

ある種の宇宙論によると、それぞれの宇宙は、星や銀河の構造だけでなく、物質そのものが異なっている可能性がある。

結論

今のところ宇宙をつくり出すことはできないが、無数の宇宙があるかもしれない

単位表　ーその4ー

加速度／体積／角度の単位換算は、それぞれ以下の通り。

※太字は国際単位系(SI)ではない単位

■加速度の単位

小

単位名	記号	換算
ガル	**Gal**	**$10^{-2}m/s^2$**
キロメートル毎時毎秒	**km/h/s**	**$1km/h/s=0.278m/s^2$**
メートル毎秒毎秒	m/s^2	
標準重力加速度	**g**	**$9.80665m/s^2$**

大

■体積の単位

少

単位名	記号	換算
立方ミリメートル	mm^3	$1mm^3=10^{-9}m^3$
立方センチメートル	cm^3	$1cm^3=10^{-6}m^3$
ミリリットル	**ml**	**$1ml=10^{-6}m^3$**
センチリットル	**cl**	**$1cl=10^{-5}m^3$**
デシリットル	**dl**	**$1dl=10^{-4}m^3$**
リットル	**l**	**$1l=10^{-3}m^3$**
立方メートル	m^3	

多

■角度の単位

狭

単位名	記号	換算
ラジアン	rad	$1rad=180°/\pi=57.29578°$
度	**°**	
分角	**'**	**$1'=1°/60=0.0167°$**
秒角	**"**	**$1"=1°/3600=2.78\times10^{-4}°$**

広

Chapter 05

SFの話

「タイムマシン」や「空飛ぶ家」など絶対にできないと思われることも真剣に分析すれば常識を覆す新たな発見につながるかもしれない。

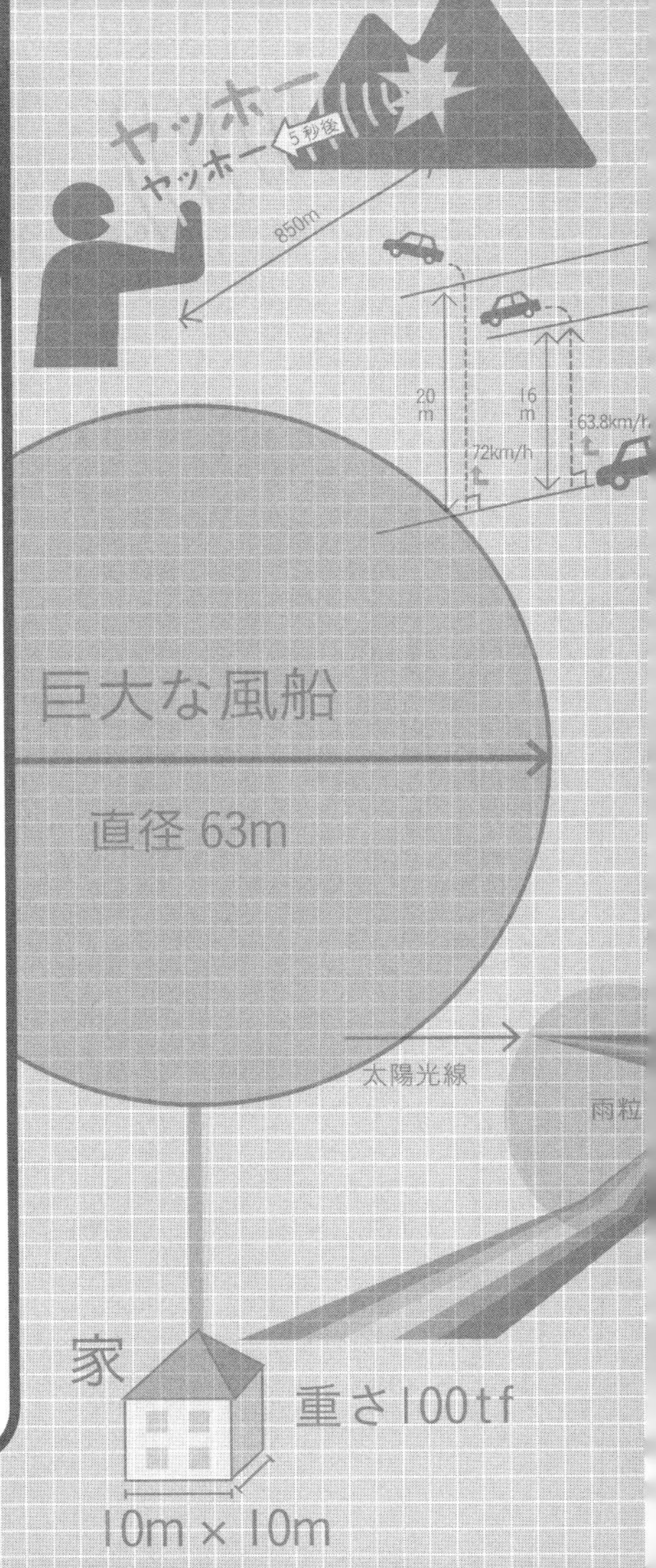

第1話 地球を割るエネルギーはどれぐらい？

地球が割れると巨大な地震が起きる

マンガやSFの世界などでは、登場人物が星を砕いたり、地球を割るような場面が出てくることがありますよね。しかし実際に地球を割るためには、どれくらいのエネルギーが必要になるのでしょうか？

地球を割るというのは、地球の直径分の亀裂、つまり断層をつくるということになります。地球上でこれに相当する運動というのは、地震ぐらいしか当てはまりません。ということで、地震が起きる時のエネルギーから、地球を割るために必要なパワーを導き出すこととします。

地震は、地中の断層が動くこと、つまり地殻がずれることによって発生するもの。そしてこのずれの断面積は、生じた地震のエネルギーに比例します。大規模なずれほど大きなエネルギーを発するといえるのです。

地震のエネルギーは**マグニチュード**（①）で測ります。マグニチュードは、地殻の**剛性率**（②）と平均変位量といわれる地殻の移動距離、そしてずれた地殻の断層面積と関係が深いことが、観測でわかっています。

では、地球が割れるほどのマグニチュードとは、一体どれくらいになるのでしょうか？

地殻の剛性率は、地質などによって多少の差はありますが、一般的には300～400億N／m^2（ニュートン毎平方メートル）といわれているので、今回はその値を基準にします。また、地殻の移動距離は1㎞、ずれた地殻の面積は地球の断面積である1億2660万㎢を使用します。

実際には、地球の内側にはマントルと呼ばれるやや柔らかい層や金属が主成分であるといわれている核などがあるため、この計算は正確ではありません。しかし、ここでは地球の内部にも地殻の関係式が当てはまると仮定し、マグニチュードを求める式でこれらの数値を入れてみると、マグニチュード12・3という数字が導き出されます。

地球を割るマグニチュード12のエネルギー量は？

大雑把な見積もりとして、地球が半分に割れるような断層のずれを生じさせるマグニチュード12くらいの巨大地震のエネルギーがあれば、地球を真っ二つにできることになります。

マグニチュードは1上がるごとにエネルギーが32倍になるので、ここで必要なエネルギーは2011年に起きたマグニチュード9の東日本大震災のおよそ3万2000倍であることがわかります。

マグニチュードMをエネルギー量に換算するには、地震のエネルギーの大きさをEとした時、次のような公式で求めることができます。

$\log(E/J)=4.8+1.5M$、つまり**$E=10^{(4.8+1.5M)}J$**

これにマグニチュード$M=12$を当てはめてみると、結果は$6.3\times10^{23}J$となります。

このエネルギー量は、地球が太陽から受ける1週間分のエネルギーに相当するほど莫大なもの。マンガのように地球を割るためには、これだけの大きなパワーが必要なのですね。

キーワード①　マグニチュード

地震のエネルギーの大きさを表すものがマグニチュード。対数で表され、エネルギーが32倍になるとマグニチュードが1増える。定義がいくつかあるうちここではモーメントマグニチュードを考える。

キーワード②　剛性率

物体に対して左右や上下に分断する方向に加わる力をせん断力と呼び、地震においては断層を生じさせる時の力を示す。このせん断力に対して物体がどれくらい変形しにくいかを表す数字が剛性率。

結論

1週間分の太陽のエネルギーで地球は2つに割れる

第2話 どれぐらいの速度で残像が生まれる？

残像とは人間の目がつくり出す虚像

漫画などでよく敵に攻撃を加えたはずが、相手の姿が消えて別の場所に現れ「お前が攻撃したのは残像だ」というシーンがあります。しかし、**残像**（①）を実像に見せかけるようなことは可能なのでしょうか？

まずは、残像とは何かを整理してみましょう。

正確に表現するなら、**残像とはそれまで見ていた物が移動したり、取り去られた後も視野に痕跡が残る現象のことを指します**。これは脳が見せているとも、網膜が見せているともいわれています。

わかりやすい例としては、その場の照明を10秒ほど見つめて目をつぶれば、照明の形がまぶたの裏に浮いて見えるでしょう。

この簡単な実験でもわかるように、明るい物体の残像はかなり長い間残ります。暗い物体でも数秒は残るので、こうして本を読んでいる間も数秒前の文字が残像となり、今見ている実像と重なっているはずです。

しかし、数秒前の文字と今読んでいる文字が重なるために混乱が起きたり文字が読めなくなったりすることはありません。それどころか、普通は残像自体に気づきません。**残像は色も明るさも本体と全然違い、通常は見間違えることはありません。人間の目や脳の情報処理が、絶えず残像情報を消去し、打ち消しているからです。**

結論からいってしまえば、素早く動くなどの工夫では対戦相手に残像を実像と錯覚させたりすることは、かなり難しいのです。

目が追い切れないほどの速さで動く

残像を実像と錯覚させることは無理としても、残像が見えるようにするにはどうすればよいのでしょう。つまり、人の目でとらえられないほどの速さで動くにはどうすればいいかを考えてみましょう。

人間は、観測点から見て600度以上の範囲を1秒間で移動する速度に合わせて眼球を動かすことはできないといわれています。

例えば対戦相手が観測者から見て90度の範囲を0・15秒の間に移動すれば**角速度（②）は600度毎秒（deg/s）**になるので、観測者はこれを目で追えません。これは観測者から1m離れたところを秒速10・5mで通過することに相当します。陸上のウサイン・ボルト選手の100m走の世界記録が9・58秒、つまり秒速10・4mなので、身体能力の高い人であれば目にもとまらない速さを実現できそうな気もしてきますね。

ところが、**観測者からの距離（③）**が離れるとそうはいきません。距離が離れると、それだけ速い速度が必要になるからです。

これは、**例えば観測者から100m離れている場合に必要な速度は秒速1050m、つまりマッハ3です。これ以下だと、懸命に姿を消すために走る姿を人の目はとらえ続けます**。また、仮にこのスピードを実現できた時も問題があります。それは超音速に到達するためソニックブームが発生することです。周囲は大迷惑をこうむることになるでしょう。

キーワード①　残像

それまで見えていたものが見えなくなったり移動したりしても少しの間視野に像が残る

現象。ただし残像は色と明るさが本体とは全然違う。

キーワード②　角速度

回転運動をする物体と回転中心を結ぶ直線は、回転につれて向きが変化する。この角度の変わる速さを角速度と呼ぶ。単位はrad/s（ラジアン毎秒）やdeg/sが使われる。

キーワード③　観測者からの距離

観測者から見て同じ角速度のものでも、距離が離れるほど物体の速度は速くなる。飛行機がゆっくり飛んで見えるのと同じ現象。

結論

残像は無理だが秒速10.5mで動けば距離1mの相手からは見えなくなる

第3話 時速何kmで走れば崖を駆け登れる?

アニメの名シーンを再現できるか

不朽の名作『ルパン三世 カリオストロの城』。見どころの1つは、ヒロインのクラリスと悪役とルパンとの三つ巴のカーチェイスシーンです。ここでは、ルパンの乗った車が崖を登っていきます。他のアニメでも見られる描写ですが、これは実際に可能なのでしょうか?

作中では車は斜めに崖を登っているのですが、まずは車が垂直に崖を登っていくことから考察しましょう。

ここではタイヤと崖の摩擦などは無視して、必要となる速度だけを割り出します。その速度を割り出すために、車が崖を登る動きをボールを上空に投げ上げた時の動きに例えて考えてみます。

ボールを投げ上げるとボールは高く上がるにつれて減速し、下降に転じます。そして最初と同じ速さで戻ってきます。つまり、**ある高さから物体を落とし、落下してきた時の速さがわかれば、その高さまで物体を投げ上げるための速度がわかるのです**。

これは**エネルギー保存の法則**（①）といい、物体が持っていた**位置エネルギーと運動エネルギー**（②）が変換されて、エネルギーの総和は保存されるという法則です。これを使い、崖の上から落ちる時の速さを求めます。

まず、位置エネルギーについて考えてみましょう。これは、**物体をその高さまで持ち上げる（移動させる）ための「仕事」**。力学でいう仕事とは、物体に加えた力と移動させた距離の積です。物体の質量をm、重力加速度をg、持ち上げる高さをhとすると、重力に逆らって物体を持ち上げるのに必要な力は**m×g**となるので、物体をhの高さまで持ち上げる仕事は**m×g×h**となります。これが位置エネルギーです。

次に、運動エネルギーです。質量mの物体が速度vで移動している時、物体が持つ運動エネルギーは**（1/2）m×v²**となります。

実際に計算してみると意外にできそう？

ではここで作中のルパンたちの話に戻りましょう。エネルギー保存の法則により、登りきった崖の上の位置エネルギーは、ルパンたちが崖を登った運動エネルギーと同じです。

また、この位置エネルギーは、質量m、重力加速度g、高さhの積から求められ、崖から落ちる運動エネルギーとも等しくなります。

つまり、車との比較で導き出される高さh＝16mと重力加速度g=9.8m/s^2、質量の積で導かれる位置エネルギーが、落ちる時の運動エネルギー（1/2）m×v^{2}と等しくなるので、計算すると速度vは時速63・8㎞となります。**つまり、時速64㎞ほどあれば、16mの崖を垂直に登ることができることがわかります。**

映像では崖を斜めに登りながら走っているので、垂直方向に時速63・8㎞が必要なことから計算して、45度の角度で登った時、その速度は時速90㎞ほどだったことになります。

実際に実現できそうな、絶妙なスピードだったことがわかりますね。

キーワード①　エネルギー保存の法則

物体が持つエネルギーの総量は、エネルギーの形が変わっても保存されるという法則。動いているタイヤにブレーキをかけて減速させた時にブレーキが熱くなるのは、運動エネルギーが熱エネルギーに変化して保存されているため。

キーワード②　位置エネルギーと運動エネルギー

高い位置にあることで物体が持つエネルギーが位置エネルギー、運動している物体が持つエネルギーを運動エネルギーと呼ぶ。

結論

16mの崖なら時速64kmが必要。高さが増すと必要な速度も増える

第4話 8色の虹を見ることはできる?

虹は太陽の光が水滴に反射することで見える

虹の色は赤・橙・黄・緑・青・藍・紫の7色といわれています。しかし、なぜ7色と決まっているのでしょう。虹の色の数は増やしたり減らしたりすることはできないのでしょうか?

数の前に、まずは虹が見える仕組みについて考えてみましょう。

虹が見えるためには、3つの条件があります。1つは雨上がりなどで大気中に水滴が浮遊していること。もう1つは太陽の光があること。そして最後は太陽の位置が低いことです。虹は、太陽の光が水滴のなかで反射して見えているものなので、雨と太陽の両方が必要になるのです。

太陽の光は、紫外線・可視光線・赤外線という**波長**(①)の異なる光が混じっているため、通常は虹のように色が分かれて見えることはありません。ところが、太陽が低い位置にあって空中に水滴があり、一度水滴のなかに入った太陽の光が水滴の内側で反射してちょうどプリズムの役目を果たす42度ほどの角度で外側に出ることがあります。

この時、**水と空気の境界を通る時に光の屈折（②）が起こり、反射した波長の異なる光が少しずつずれて外側に出ることによって、光のグラデーション、つまり虹として見えるのです。**虹は**可視光線のスペクトラム（③）**であるため、色の区別があいまいです。そのため、日本では7色ですが、イギリスでは6色、フランスやドイツなどでは5色と数えられています。

8番目の虹の色は存在する

虹は、**380~770nm**（ナノメートル）の波長域の可視光線が並んでできています。やろうと思えば、この波長域をさらに細かく色分けすることができます。例えば、青と緑の間に緑青（480~490nm）と青緑（490~500nm）の2色を区別して認識することができます。赤も610~750nmの赤と750~800nmの赤紫に分けられます。そうなると虹は7色ではなく、10色以上に分類できることになりますね。

しかし多くの場合、**天気のいたずらで生じる虹は淡くて色の境界もあいまいで、7色を見分けるのも至難の業です**。通常の視力では、4～5色を認めるのが精いっぱいではないでしょうか。「多くの色が並んでいる」としか見えない虹が「7色である」という認識は、子供のころから聞かされてきた知識があるためと考えられます。

このような人間の目の限界を超えて、もっと多くの色の虹を見る方法があります。それは赤外線と紫外線を検出するというものです。

太陽光に含まれる赤外線と紫外線は、ごくわずかですが水滴で屈折し、スペクトラムで見ると赤の光のとなりと紫の光のとなりにそれぞれ並びます。赤外線や紫外線を写せる検出素子を用いたカメラなら、人間の網膜には映らない赤外線と紫外線の色を含む虹を見ることが原理的には可能なのです。ただし、検出素子が記録した時に、それを人の目に見える波長のインクで印刷したり、ディスプレイに表示するという、ひと手間が必要になります。

キーワード① 波長

可視光は、空間を伝わる電磁波という波の一種。波の頂点（強くなったところ）から隣の頂点までの距離を波長という。可視光の波長は380nm～770nm。これより波長が長い光を赤外線、短い光を紫外線という。

キーワード② 光の屈折

光は水と空気のように密度の異なる物質の境界を通る時に進む向きを変える性質がある。その屈折角は物質の密度の差や光の色によって異なる。

キーワード③ 可視光線のスペクトラム

太陽の光は白色に見えるが、さまざまな色の光の混合である。プリズムや水滴の屈折が混合光を分光し、波長の順に並べたものをスペクトラムと呼ぶ。

結論 見分けるのが難しいだけで虹には8色以上の色がある

第5話 永遠に続くやまびこはできる？

やまびこが返ってくる仕組み

山登りをした際に、向かいの山に向かって「ヤッホー」と叫んだことがある人は少なくないでしょう。条件が揃えば、自分の声が返ってくるいわゆる〝やまびこ〟現象を体験することができます。**このやまびこは、音（音波）が反射する性質を持っていることによって起こります**。大きい声を出すと、声が何度も返ってくる、という経験をしたことのある人もいるかもしれません。では、さらに大きい音を発生させれば、何度も返ってくるやまびこを〝永遠に〟続けることはできるのでしょうか？

やまびこが返ってくるまでの時間は、向かいの山との距離によって変わります。音速は大気中では**340m/s**と一定なので、叫んでから2秒でやまびこが返ってきた場合、音は680mの距離を移動したことになります。これは往復分の距離になるので、向かいの山とは340m離れている、ということがわかります。

その時、この返ってきた声はあなたが叫んだ声に比べてかなり小さいはずです。なぜかといえば、山はやってきた音のわずかな割合しか反射しないのが理由の1つ。そして、音は遠くに伝わるにつれて減衰、つまり減っていく性質を持っている、というのが2つ目の理由です。

どれだけ大きい音でも最終的には減衰する

耳に聞こえる音は、鼓膜に触れる空気の圧力が高まったり低くなったりして1秒に10～数万回も振動する現象です。この圧力の振動の幅が音圧、つまり音の大きさです。音圧は圧力なのでパスカルで測りますが、音圧レベルに直して**デシベル(dB)(①)**で表すのが慣習です。この音圧レベルの減衰は計算で求めることができ、距離が10倍になるごとに20dBずつ減衰することがわかっています。

ギネスブックによると声量の最高記録は120dBを超えます。これが1cm離れた地点だとすると、10cm離れると100dB、1mで80dB、10mで60dBと音は減衰していき、10km離れると0dBです。大雑把にいえば120dBの「ヤッホー」は10km近く届く計算になります。

では、山の代わりに100m先の平らな壁に反射して戻ってきた音をさらに反射させる、を繰り返してやまびこをつくるとどうなるでしょう?

これは計算では50往復が限界となります。しかし、実際には音が100%反射するわけではないので、もっと少なくなるでしょう。そこで、より減衰しにくいやまびこをつくるために、元の音をより大きく、反射面までの距離をより短くします。大気中における**音圧レベルの上限**(②)は194dBなので、ここでは距離1mの地点で190dBの音圧レベルの音を使うと想定しましょう。

この音は大気中では理論上300万km先まで届く音で、壁にも山にも邪魔されずに伝われば、地球を75周できる音量です。これを100%反射する壁や山に向ければ、100日続くやまびこになりそうです。無限には届きませんが、かなり長く続きますね。

キーワード① **デシベル(dB)**

音圧がAであるような音の大きさを表すのに音圧レベル20log(A/a0)を用いることがしばしばある。A0は聞こえる限界の音の音圧で、2×10^{-5}Pa。音圧レベルの単位はデシベル（dB）。音圧レベルが10 dB上がると、音圧は10倍。

キーワード②　音圧レベルの上限

1気圧の空気中で、音圧レベルが194dBを超える音が発生すると、音圧の高いところで2気圧を超え、低いところでは0気圧を下回ることになる。これより大きな音は通常の音としては扱えず、衝撃波などを考慮しなければならない。

結論

100％反射する壁にぶつければ190dBのやまびこは100日は続く

第6話 耐圧ドームで深海都市に住める？

深海都市の最大の敵は水圧

現代の人類にとって、宇宙と並ぶ未知の世界ともいわれるのが海のなかです。特に深海は謎の部分が多く、探査も進んでいません。そんな海底にＳＦのようにドームをつくって大きい都市をつくることは可能なのでしょうか？

水中に住むのであれば当然、水が入ってこない空間をつくる必要があります。しかし、海底に密閉されたドームをつくるには、地上につくるのとは比べ物にならないほど大きな問題があります。それが水圧です。

海抜０ｍの地点における気圧は**１気圧**です。これは、その場所にかかる空気の重さによるもので、１０００ｍ上昇するごとにおよそ０・１気圧減少します。よほどの高地に行かない限り、地上での生活において気圧が問題になることはありません。

一方、**水圧は10ｍ潜るごとに1気圧ずつ増加していきます**。これは水の重さが増すためで、例えば東京湾の海底70ｍ地点では8気圧となり、深海の入口である水深２００ｍ地点では21気圧に達します。

つまり、深海に住むためには少なくとも21気圧程度に耐えられるドームをつくる必要があるのです。数千ｍの深海であれば、耐えなければならない水圧は数百気圧にも達します。

海底ドームを守る最も簡単な解決方法は、内側から同じだけの気圧をかけることですが、普通の人間が生活可能な気圧は高くても10気圧程度。しかし、普通の生活を送るためには、やはり1気圧にしたいところです。

では、ドーム内と海水との間に水圧に耐えられる隔壁をつくれば大丈夫でしょうか？　しかし、残念ながら現在開発中の**深海探査艇**（①）用のチタン合金と強化プラスチックの2層構造の素材でも、耐えられるのは9・8気圧。深海２００ｍの21気圧では潰れてしまいます。そこで、ドームと海中の間の隔壁を幾重にもして9・8気圧ずつ減圧する構造にすると、4重にすれば30・4気圧で21気圧には耐えられるように。ですがここで問題なのは、都市といえる広さと高さのあるドームだと、ドームの天地で水圧が異なる点。気圧差が生じることで隔壁が破損する危険性があります。

深海に空間をつくるには球体が必要

では、数百気圧の深海の水圧に耐えて活動できる深海探査艇はどうなっているのでしょうか。日本の深海探査艇である「しんかい6500」では、乗組員が搭乗する耐圧殻の部分は深度6500mの680気圧に耐えられる構造です。**1㎝あたり680kgf（重量キログラム）もの圧力ですが、耐圧殻を完全な球体にすることでこの圧力に耐えています。**水圧は水中の物体にあらゆる方向からかかります。これを**パスカルの原理（②）**といいます。球体であることは、あらゆる方向からかかる圧力に耐えるのに適しているのです。

つまり、半球形のドームではなく、探査艇の耐圧殻と同じ素材で同じように居住空間を球体でつくれば、実現の可能性があるということです。ただし、日本の潜水艦「しんかい6500」の耐圧殻の内径は2mで、3人乗るのも相当窮屈なように、大型球殻をつくるには技術革新が必要でしょう。

キーワード①　深海探査艇

水深数千mの深海を調査するための潜水艇。現在の深度記録はスイスとイタリアの共同開発したバチスカーフ・トリエステ号の10911m。

キーワード②　パスカルの原理

密閉された容器中の流体は、1点に受けた圧力を同じ大きさですべての部分に均等に伝える、というもの。潜水艇の耐圧殻では水圧が圧力、耐圧殻のなかの気体が流体に当たる。

結論

球体のドームで海中に浮けば深海に住むのも不可能ではない

第7話 新幹線を止めるには何人の力が必要?

新幹線の運動エネルギーをゼロにする

往年の人気マンガ『キン肉マン』で、あるヒーローが子犬を助けるために走る新幹線を止めるシーンがあります。その行動、そしてパワーはさすがヒーローです。しかし、残念ながらマンガのような怪力のヒーローが招集できなかったとして、成人男性が新幹線を止めようとすると、どれくらいの力が必要なのか考えてみましょう。

今回のように動いているものを止めるには、「一定時間にどれだけ仕事ができたか」という**仕事率**（①）で考えましょう。**成人男性の仕事率は約0・1馬力**（②）**といわれますが、瞬間的には1馬力を出せるとされています**。その時、**1馬力は約735・7W**（ワット）に相当します。

では、走る新幹線の運動エネルギーはどれほどなのでしょう。

マンガとは異なりますが、現代の新幹線といえば「はやぶさ」です。その質量は453・3トン、東京〜盛岡の走行速度は時速320㎞。その運動エネルギーは**（1／2）×質量×秒速の2乗**で、およそ1790MJ（メガジュール）にもなります。

新幹線のエネルギーが換算できたところで、成人男子が何人がかりであれば走るはやぶさを止められるのか計算してみましょう。

仕事率＝仕事量／かかる時間で求められるので、仮に止めるのに5秒かかるとすると仕事率P＝1790MJ/5s＝358MW（メガワット）となります。これを成人男子が瞬間的に出す仕事率で割ると、約48万7000人。止めるまでにかかる距離は222mほどです。

48万人以上が新幹線に群がって、222mにわたり力をかける準備はかなり大変ですが、それでも計算上は新幹線を止められることがわかりました。

しかし、実際にこの方法ではやぶさを止めたりしたら、その車内はとんでもないことになるのです。

慣性の法則で新幹線の車内は大惨事

先述の通り、**時速３２０㎞で走るはやぶさを5秒で止めた場合１・８Gの加速度が車内に襲いかかり、慣性の法則で乗客が前方に投げ出されることになるでしょう。**

その時、前方へ投げ出される距離は20ｍにも達し、途中で車両の壁に激突してケガをする人も続出して、線路にいる子犬よりもはるかに大きな被害が出てしまいます。

では、車の急加速ぐらいの０・３G程度のマイルドな停止にするためには、何秒ぐらいで止めるのがよいのでしょうか？　これは約30秒で、その時の停止距離は１・３㎞ほどになります。これでようやく万事解決、と思われますが、その前に考えるべきことがあります。

それは、２２２ｍであれ１・３㎞であれ、子犬を助けるために48万人もの人間が新幹線と子犬の間に立つということ。それだけの人数がいれば、子犬は男性たちに取り囲まれているでしょう。となれば、抱き上げて線路から離れれば、もはや新幹線を止める必要はないのです。

キーワード①　仕事率

一定の時間でどれだけの仕事がされたかの量。「仕事量／時間」で計算することができる。単位はW（ワット）で、1W＝1J/s（ジュール毎秒）

キーワード②　馬力

馬が継続的に荷を引っ張る時の仕事率を基準とした、仕事率の単位（非国際単位系）。「1馬力＝735・7W（ワット）」

結論

新幹線はやぶさを5秒で止めるには成人男性が48万人以上必要

第8話 風船をいくつつければ家が空を飛ぶ？

浮力はアルキメデスの原理で説明できる

『カールじいさんの空飛ぶ家』というアニメ映画があります。これは、妻との思い出が詰まった家を再開発から守るために、家に風船をくくりつけて飛んでいく、という夢のあるストーリーです。

でも、この話、単なる夢ではないのですね。映画をつくる時に、リアリティを追求するために、実際に必要な風船の数を計算していたとのことです。また、実際に風船で家を飛ばそうと試みた人もいるようです。

なぜ、風船が浮くか？　それは物理的にはアルキメデスの原理によって説明できます。**アルキメデスの原理とは「流体中の物体は、その物体が押しのけている流体の重さの浮力（①）を受ける」というものです。**

流体なので、まずは水の浮力、ここでは船の例で説明しましょう。世界最大級のタンカーは全長440m、幅69m、排水重量60万tf（重量トン）ほどになります。こんな鉄の塊が浮くなんて、と不思議に思う人もいるでしょう。鉄の**密度**（②）は**7.8g/cm³**程度で水よりはるかに重いのですから。

ここで、アルキメデスの原理を当てはめて考えてみます。アルキメデスの原理によれば浮力は押しのけた流体の重さですから、60万tfの重量を支えるためには、60万tf分の水を押しのける必要があります。

さて、60万tf分の水は60万㎥となりますので、長さ440m、幅69mの近似値の長方形で計算すると、深さが20mほどあると必要な浮力を得られることがわかります。つまり、水に20m入っていればよいわけで、この場合、それほど無理な数字でないことが導き出されるのです。

風船で家を浮かせるには

風船が浮く原理も、前述とまったく同じです。**空気にも重さがあるので、風船は押しのけた空気の分だけ浮力を受けます**。そのため、**ヘリウム**（③）のように空気より密度の小さい気体を風船に入れると、浮力で浮かび上がる、つまり飛ぶというわけです。

さて、家を風船で飛ばす話に移りましょう。家の重さは標準的な二階建ての木造住宅の場合、1㎡あたり、0・8～1tf程度といわれています。普通の家であれば100㎡程度ですから、風船を取り付けるための紐なども含めて、おおまかに100tfと考えます。

次に、風船の浮力の計算です。空気1L（リットル）の重さは1・3gf（重量グラム）、ヘリウム1Lは0・18gfです。つまり、1Lあたり、1・1gf程度の浮力が見込まれます。風船は一般的な直径23㎝（9インチ）の大人の顔くらいの大きさの風船であれば7Lのヘリウムが入り、ゴムの重さが2gfとすると、風船1個あたり5・7gfの浮力が発生します。これで計算をすると、**約1760万個の風船があれば、100tfの家が十分浮くことになります**。もし1個の風船でこの浮力をまかなうなら、直径が約63mの巨大な風船が必要です。

なお、前述のアニメ映画では風船は1万個以上だったようですが、家も小さくて軽かったようですね。

キーワード① **浮力**

流体中に存在する物体が重力と逆方向に流体から受ける力。水などの液体にも、空気などの気体にも同じ原理が適用できる。

キーワード② **密度**

単位体積あたりの質量。水の密度は1g/cm^{3}なので、この値より軽いものは水に浮き、これより重いものは沈む。

キーワード③ **ヘリウム**

密度が小さく、化学的に安定で反応性が低い気体。沸点が低く（マイナス268・93℃）、冷媒としても用いられることがある。

結論

風船が1760万個あれば100tfの家も浮かぶ

第9話 二足歩行の巨大ロボットはつくれる？

二足歩行運動は連続した重心移動が必要

『機動戦士ガンダム』などを例に取るまでもなく、巨大ロボットが登場するアニメ・特撮作品は数多くあります。つくってみたいと考える技術者も多いようで、現在、世界各地で巨大ロボットが開発されています。

では、実際にアニメ作品のように人が搭乗して操縦する巨大ロボットをつくることは可能でしょうか？

その実現で最大の問題となるのが移動方法です。**人間のように二足歩行をするのは、的確な重心移動が必要なため、多数のジャイロ（①）などを用いた複雑な制御が必要になります**。それがどれだけ複雑なのか、二足歩行のプロセスを見てみましょう。

二足歩行は両足が地面に接地しているところから始まります。片足を上げて、その足を前方へと移動させて着地、逆の足を同じように上げて移動し、着地させることを繰り返します。この時に、足や身体にはどのような力がかかっているのか力学的に考えます。

仮に左足から歩き始める時、左足はまず床を蹴ります。その蹴る力の床からの反作用により、足は持ち上がり前に進みます。その際、足を浮かせるために身体の重心は右側に偏り、さらに前方へと移動するために上方向に移動します。続けて左足を床に置くと、足を置く力に対する床からの反作用で前方への速度は減少。左足をしっかり着地させることができます。重心は着地とともに左足へと移り、元の高さへと戻っていきます。この後、右足を動かす時も、左足の時と同様です。

このように、**二足歩行は上下左右へのスムーズな重心移動と、推進力を生む蹴る力、足を着地させた時の摩擦と反力、足首・膝・股関節の屈伸など、さまざまな物理学的な力と動きが必要となります。**人間大のサイズでは一部実現できていますが、まだまだ研究段階です。

二足歩行以外なら巨大ロボット化に成功

もし二足歩行できる巨大ロボットができても、そのまま操縦するのは問題があります。それは、重心の上下左右移動です。仮に身長が成人男性の10倍の**巨大ロボットであれば、重心の揺れ幅も10倍になります。歩くだけでパイロットは大きく揺れ続けることになり、通常の人間は耐えることができません。**

現在、世界各地で開発中の巨大ロボットは、これらの二足歩行の問題をさまざまな工夫で克服しています。日本の榊原機械の「ＬＡＮＤ ＷＡＬＫＥＲ」は二本足で立ち、車輪を付けた足をすり足のように交互に動かして前進。上下左右の重心移動もありません。また、水道橋重工の開発した「クラタス」は４本脚で、車輪によって移動する４輪走行タイプ。高速移動や小回りがきき、多少の段差も克服するなど、移動性能に秀でています。ほかにも、アメリカのＭｅｇａＢｏｔｓ社製の足場が悪い場所や段差、穴などにも強い**無限軌道（②）**（キャタピラ）方式の「イーグルプライム」など、二足歩行でなければ一部で実現しています。

このまま開発が続けば、巨大ロボットが活躍する未来も遠くなさそうですね。

キーワード①　ジャイロ

回転するコマを内蔵し、コマの角運動量が保存されることを利用して傾きを測る装置。

キーワード②　無限軌道

複数の細長い鉄の板をピンでつないだ履帯を回転させて移動する戦車に代表される移動方式。戦車や工作機械で採用されている。タイヤに比べて最高速は遅いが、現在の技術で二足歩行するよりはるかに高速に移動できる。

結論

二足歩行式でなければ巨大ロボットはほぼ実現！

第10話 タイムマシンはつくれる？

未来や過去に行くことは可能か？

ＳＦの定番であるタイムマシン。そんなものつくれるはずないと決めつけていませんか？　実は、未来に行くのは理論的には不可能ではないのです。

アインシュタインの相対性理論によれば、**運動する物体は時間の進み方が遅くなります**。それも光速（秒速30万km）に近づけば近づくほど、時間の進み方は遅くなっていきます。ただし、光速に近づくにつれて**質量が増えて**（①）、動かしにくくなるため、どんなに運動エネルギーを加えても光速を超えることはできません。

速度が光速の99％に達すると、時間の進み方は約１／７、さらに光速とのずれが10兆分の１％以下になると、時間の進み方は約１／２０００万になります。これはつまり、**光速で飛行できる宇宙船を開発して30秒間宇宙旅行をして帰ってくると、**

地球では21年の時間が過ぎることを表しています。

もちろん乗っている人にとっては、普段と同じように時間が流れているだけです。ただし、この方法では未来に行ったままで、元の時代に戻ることはできません。そして、未来の自分に会うこともできません。

ワームホールを通って過去に行ける？

一方、過去に行くことは、未来に行くことに比べなかなか大変です。もしできるとしたらどんな仕組みだろうということを、アメリカの理論物理学者**キップ・ソーン博士（②）**は考えました。

まず、過去へ行くソーン型のタイムマシンには、**ワームホールという一般相対性理論に基づく仮想の存在が必要です**。ワームホールは時空のある一点と別の離れた一点をつないでおり、通過することで2つの地点間を一瞬で移動できるトンネルのようなもの。ワームホールは、実在するなら量子サイズのきわめて小さなものだと考えられています。

過去へ行くタイムマシンをつくるには、ワームホールを人工的につくり出し、物が通過できるほどに拡大することが必要です。そして、**ワームホールの出口を光速**

に近いスピードで動かし続けると、出口だけ時間の流れが遅くなります。例えば、10年ほど出口だけ動かし続けると、ワームホールの入口と出口には10年の時間差ができるのです。こうしてつくり上げたワームホールの入口に飛び込めば、10年過去の世界に行くことができるというわけです。

このタイムトラベルは理論的には可能性がありますが、ワームホールをつくり出す、それを拡大する、光速に近い速度で動かすなど、技術的な問題が山積していま す。またこの手法では量子力学的な計算が成り立たないため、不可能だという指摘もあります。

ほかにも、科学者のなかには、どんなタイムトラベルのアイデアも物理的に実現不可能で、タイムトラベルは無理だという**時間順序保護仮説**（③）を唱えた人もいます。この仮説は証明されたわけではないですが、今のところこれを破る例は見つかっていないことから、ＳＦ映画のようなタイムトラベルが実現するのは、なかなか難しそうなことがわかります。

キーワード① 質量が増えて

相対性理論によると、質量のある物体は光速に近づくほど質量が大きくなる。このため、さらに力を加えても、加速度は小さくなり、質量のある物体は光速を超えられない。

キーワード② キップ・ソーン博士

一般相対性理論とブラックホールの研究で知られ、映画『インターステラー』では、科学コンサルタントを務めた。重力波を検出した功績で2017年のノーベル物理学賞を共同研究者とともに受賞。

キーワード③ 時間順序保護仮説

タイムトラベルをするためのどんなアイデアも、必ずそれを不可能にするような物理法則があって、タイムトラベルは不可能だという仮説。スティーブン・ホーキング博士が提案した。

結論 **未来には行けるが過去に行くのは大変！**

参考文献

『大人が知っておきたい 物理の常識』（ソフトバンク クリエイティブ）著／左巻健男・浮田裕
『面白くて眠れなくなる物理』（ＰＨＰ研究所）著／左巻健男
『科学理論ハンドブック50〈宇宙・地球・生物編〉』（ソフトバンク クリエイティブ）著／大宮信光
『科学理論ハンドブック50〈物理・化学編〉』（ソフトバンク クリエイティブ）著／大宮信光
『これ以上やさしく書けない科学の法則』（ＰＨＰ研究所）著／鳥海光弘
『知っておきたい最新科学の基本用語』（技術評論社）著／左巻健男
『知っておきたい法則の事典』（東京堂出版）著／遠藤謙一
『図解雑学 地震』（ナツメ社）著／尾池和夫
『図解 眠れなくなるほど面白い 物理の話』（日本文芸社）著／長澤光晴
『世界を変えた科学の大理論１００』（日本文芸社）著／大宮信光
『日常の「なぜ」に答える物理学』（森北出版）著／真貝寿明
『はっきりわかる現代サイエンスの常識事典』（成美堂出版）
『「物理・化学」の法則・原理・公式がまとめてわかる事典』（ベレ出版）著／涌井貞美

『物理：てこの原理から量子力学まで』（創元社）
著／アイザック・マクフィー、監修／滝川洋二、翻訳／緑慎也
『ぼくらは「物理」のおかげで生きている』（実務教育出版）著／横川淳
『本当にわかる地球科学』（日本実業出版社）著／鎌田浩毅・西本昌司
『マンガ 物理に強くなる―力学は野球よりやさしい』（講談社）原作／関口知彦
『身近な物理 川の流れから量子の世界まで』（丸善出版）
著／L．G．アスラマゾフ・A．A．ヴァルラモフ、翻訳／村田惠三
『身近な物理 バイオリンからワインまで』（丸善出版）
著／L．G．アスラマゾフ・A．A．ヴァルラモフ、翻訳／村田惠三
『身のまわりの科学の法則』（中経出版）著／小谷太郎
『世の中ががらりと変わって見える物理の本』（河出書房新社）
著／カルロ ロヴェッリ、翻訳／竹内薫・関口英子

監修
小谷太郎（こたに たろう）
東京大学理学部物理学科卒、博士（理学）。専門は宇宙物理学および観測装置開発。理化学研究所、NASA ゴダード宇宙飛行センター、東京工業大学などの研究員を経て大学教員。著書に『宇宙の謎に迫れ！ 探査機・観測機器61』（ベレ出版）、『なぜ科学者は平気でウソをつくのか』（フォレスト出版）、『理系の「なぜ？」がわかる本』（青春出版社）、『物理の4大定数 宇宙を支配するc、G、e、h』（幻冬舎）などがある。

カバーデザイン／妹尾善史（landfish）
カバーイラスト／ほししんいち
本文ＤＴＰ／株式会社ユニオンワークス
編集／株式会社Ｇ．Ｂ．

※本書は2017年10月に小社より刊行した
『図解 ヤバすぎるほど面白い物理の話』を
改訂、改題したものです。

知れば知るほど面白い物理の話

（しればしるほどおもしろいぶつりのはなし）

2023年5月23日　第1刷発行

監　修　小谷太郎
発行人　蓮見清一
発行所　株式会社 宝島社
〒102-8388　東京都千代田区一番町25番地
電話:営業 03(3234)4621／編集 03(3239)0927
https://tkj.jp
印刷・製本　株式会社広済堂ネクスト

First published 2017 by Takarajimasha, Inc.
ISBN 978-4-299-04307-8